日本における メチル水銀中毒 事件研究 2020

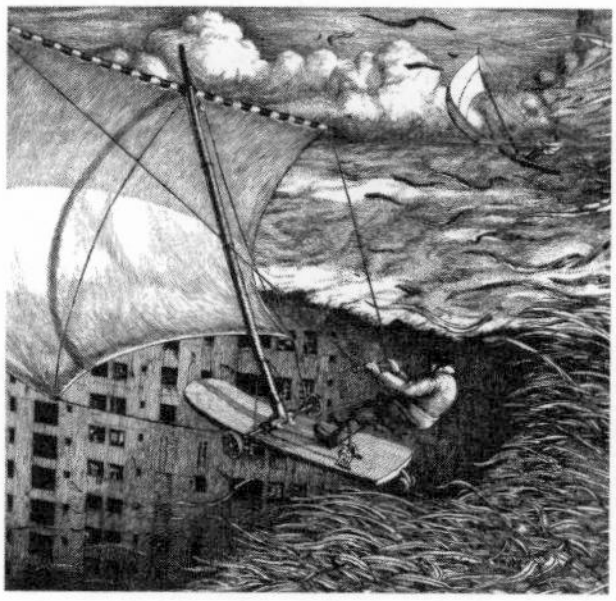

水俣病研究会＝編

◉弦書房

装丁＝毛利一枝

〔カバー絵〕
東弘治「風が吹いてきた」
（2013年、37×61㎝　エッチング）

目次

「日本におけるメチル水銀中毒事件研究」の刊行にあたって

富樫貞夫

一九六九年、第一次訴訟の理論的支援を目的として水俣病研究会が発足し、一九七〇年、『水俣病にたいする企業の責任―チッソの不法行為』という研究報告書をまとめた。法理論面では、安全性の考え方という全く新しい発想に基づく過失理論(安全確保義務論という)を提起した。

この最初の研究報告書は、一九七〇年八月に出版した。それ以後裁判は、立証などの進め方を含めて研究会の調査研究に基づいて進められた結果、一九七三年三月、訴訟派の患者家族が勝訴した。その間に研究会として収集した資料はかなりの分量になっており、事件資料を研究会の手で出版してもらいたいという声も出ていた。それを受けて、水俣、芦北地区の漁協のほか、国と熊本県の行政資料、チッソ水俣工場の内部資料等の収集に精力的に取りかかったのは一九七四年以降である。

そうして収集した全資料を検討し、事件資料として選別するという作業を重ねていったが、それに約二〇年を要した。事件史の区切りとしては、一九六八年九月二六日の政府による見解発表までの資料を編集し、一九九六年『水俣病事件資料集』(上下二巻)にまとめて出版した。その後も資料収集を続け、研究を重ねてきたが、一九六九年以降の事件史資料はまだ資料集の続巻としてまとめる段階には至っていない。

その後、研究誌「水俣病研究」第一号を出したのが一九九九年である。二〇〇六年に第四号を出したのが最後で、その雑誌編集に関する作業は中断したままになった。「水俣病研究」には資料集という性格もあり、毎号かなりの分量の資料を少しずつ編集出版してきた。

このように一九六九年以後の資料集成は、編集作業ができていないため続巻は未だに日の目を見ていないが、どのような形であれ研究資料として誰もが利用できるようにしていく必要がある。具体的には、研究誌「水俣病研究」に掲載してきたような研究会メンバーによる研究報告と、これまでに整理した資料を合わせて出版する新しい企画を立てた。巨大メチル水銀汚染事件としての いわゆる〈水俣病〉事件研究はいまだに不十分な状態であり、今後とも多様な分野からの研究が必要である。研究史を振り返ると未解明の問題は山積みであり、これまで研究の中心を占めてきた医学研究は、事実上一九六〇年前後に終わってしまい、その後長きにわたって研究不在の状態が続いている。医学的にも、〈水俣病〉事件は十分に解明されていないのである。

一方、地球上の水銀汚染は広がりつづけ、しかも問題はしだいに深刻になりつつある。水銀汚染の原因としては、多様な原因があり一種複合汚染とみてよいが、なかでも石炭火力発電の問題と、金の採掘に関わる水銀汚染のふたつがもっとも大きな汚染源として注目を浴びている。それ以外にもいろんな工業生産で水銀が使われているが、そうした製品の廃棄物処理もきわめて不十分な状態にあり地球上の水銀汚染の原因となっている。

地球上に広がる水銀汚染をこれ以上悪化させないようにするために、二〇一七年国連中心に水銀に関する水俣条約が発効し、これから国際的な汚染調査に入るという新しい段階を迎えている。このような地球上の水銀汚染対策を考えるためにも、日本におけるメチル水銀中毒事件をはじめとする過去の汚染事例は、非常に重要な参考事例になると思う。

そういう点からも、これまで人類が経験したことのない大規模メチル水銀汚染事件である〈水俣病〉事件は、国際的にもう一度新しい光が当てられ、これまでどのような調査研究が行われたか、その結果、今後の地球上の水銀汚染防止に役立つようなデータや研究成果がどれだけ存在するかが改めて問われる時期がやってくると思われる。日本国内ではこの事件は、もう終結の過程に入ったという考え方が支配的であるが、国際的な観点から見ると、これまでとはまったく違った視点から日本のメチル水銀汚染事件が、これまでの研究成果を含めて徹底的に見直される時期が必ず到来すると思う。

このことも念頭に置きながら、今後とも事件資料の発掘と研究成果の発信を続けていく必要がある。

二〇二〇年五月

Ⅰ

「工場廃水に起因するメチル水銀中毒」を名付ける行為についての試論

向井良人

1　はじめに

本稿が提示する知見は主に二つである。一つは、「水俣病」が命名を経ていない俗称であるということ、もう一つは、どのように呼ぶかは「呼ぶ主体」が決めるということである。しかしながら筆者の本来の関心は、なにがどのように、どれだけ「見られていないか」を間接的に記述することにある。「水俣病」という記号は、なにを表し、なにを表さないものとして使い分けられているのか。そして、その暗黙裏の規準それ自体に対する「論じ方」「語り方」の不在、それこそが（明示的に語り得ないとしても）問うべき事象でもある。筆者はこれまでに拙稿で「水俣病」という言葉を「病名」と記してきたが、本稿では「水俣病という病気」からの出発ではなく、その前段階、すなわち、呼び方が一元化されない地点に立って考察を仕切り直す。

一九〇八年八月に設立された日本窒素肥料株式会社は、一九五〇年一月に新日本窒素肥料株式会社へ、そして一九六五年一月にチッソ株式会社へと社名を変更してきた。このように社名が変わっても、「一九三二年から一九六八年にかけて水俣工場アセトアルデヒド製造工程の廃水を水俣湾に流した化学企業」という同一性は揺るがない。一九三二年に水俣でアセトアルデヒド製造を始めた会社も、一九五八年九月に排水路を水俣川河口へ変更した会社も、社名それ自体が論点とならない文脈においては、一九六五年以降の社名で「チッソ」と呼ばれる。この同一性により、チッソ株式会社は「水俣湾と不知火海（八代海）沿岸地域におけるメチル水銀中毒事件の原因企業」である。

では、「一九三二年から一九六八年にかけてチッソ株式会社水俣工場が水俣湾に流した工場廃水により生じたメチル水銀中毒」及び「一九三二年から一九六八年にかけてチッソ株式会社水俣工場が水俣湾に流した工場廃水によりメチル水銀中毒を生じた事件」はどのように呼ばれてきたか。そして、その呼び方は、なにに規定され、なにを規定してきたか。そのように呼ぶことを通じて「それ」を見出し意味づけてきた「われわれ」の規準とは、どのようなものであるのか。

連続した時空間の中から任意のなにかを切り出して「見る」とき、その対象（「見たいもの」）は、いつ、誰によってもたらされるのか。それをそれとして見るための見方を、誰に教わるのか。呼び方の選ばれ方を振り返ることを通して、「見たいもの」「聞きたいこと」がどのようにつくられているかへ、問いを向けてみたい。

本稿での〈水俣病〉の括弧書きは富樫（二〇一七）に倣った。ただし、本稿での括弧書きは「いわゆる水俣病というほどの意味」（富樫 二〇一七：一二）というよりも、「水俣病というワーディング行為」を示すことを意図している。そうした点も含めて、「生成される意味内容」としての〈水俣病〉である。一方、記号として示す場合は「水俣病」とカギ括弧で表す。また、意味と記号のいずれかの側面を強調する場合以外は、括弧書きを用いずに水俣病と表記する。

2　問題の所在

2-1「水俣病」が名指すもの

病気は、医学においては疾患（disease）と呼ばれる。熊本大学医学部水俣奇病研究班（以下「熊本大学研究班」）が一九五七年の『熊本医学会雑誌』第三一巻補冊第一号で論文に用いた「水俣地方に発生した原因不明の中枢神経系疾患」という呼び名は、その翌年には行政や報道での使用も含めて「水俣病」へと置き換わる。一九五〇年代当時、「水俣地方に発生した原因不明の中枢神経系疾患」にせよ「水俣病」にせよ、その疾患が何であるのかという知見（端的には原因の特定）は確立していなかった。それは既知へと架橋されていない未知の疾患であった。一九五九年七月に熊本大学研究班が原因物質として有機水銀に言及した後も、権威づけられた異説・珍説によって水俣病は「原因不明の疾患」に据え置かれてきた。熊本大学研究班が水俣工場のスラッジからメチル水銀の抽出に成功したという報告も、有機水銀説の発表から三年後の一九六二年のことである。

そして、「水俣病はメチル水銀中毒である」という知見が確立した後も、メチル水銀の影響が人体にどのように現れるのか等々、その仕組みをめぐっては研究と論争が続いている。二〇一八年には日本神経学会が「メチル水銀中毒症に係る神経学的知見に関する意見照会に対する回答」を環境省へ提出していたこと、同年一一月に国がその見解を水俣病被害者互助会の国賠訴訟に証拠として提出していたことが、二〇一九年一月一六日以降に報道されている。この「意見照会に対する回答」に示された見解について、国賠訴訟の原告らが日本神経学会に対し公開質問状を提出した。一九六八年九月二六日に厚生省が「水俣病に対する見解と今後の措置」を発表したいわゆる「公害認定」(1)から半世紀を経てなお、認定と補償をめぐって、「『水俣病』と名指されてきたもの」の境界は争点となる。

水俣病とはなにかといえば、「水俣病」(Minamata disease)という呼び名によって名指されるものである。それは「水俣地方に発生した原因不明の中枢神経系疾患」と異なるだけでなく、メチル水銀中毒(methyl mercury poisoning)という呼び名によって名指されるものとも必ずしも一致しない。また、「水俣病」は、ある疾患を別の疾患から区別するための記号(病名)でもあるが、「水俣病」が事件の呼び名として通用すること一つをとっても明らかなように、その記号を介して見出されるものは疾患や症候にとどまらない。

2-2 水俣と〈水俣病〉の相互参照

言葉の意味は文脈に依存するが、言葉がなければ文脈は生成しない。言葉は文脈によって意味を与えられる一方、文脈を規定するものでもある。「水俣病」という呼び名もまた文脈をたぐり寄せる。「水俣病」という呼び名によってのみ生成される幾通りかの文脈がある。もちろん、文脈を決定する規則は言外にある。言葉の意味は、使いながら決まっていく。とりわけ漢字の意味が幅広く曖昧であることを、赤坂真理(二〇一四)は以下のように指摘している。

漢字は、それ自体ひとつで意味のパッケージであるがゆえに、それを当てはめることは、あくまで近似値である。それも、かなり幅の広い近似値である。

そして一目瞭然のようでいて、いや一目瞭然であるからこそ、漢字は日本人にとってブラックボックスのように働く。分かったような気持ちにさせながら、実は個々人の数だけ解釈が出る。

（赤坂 二〇一四：六三）


記憶の秩序は時間と空間により保持される。「いま・ここ」は、後に「いつ・どこ」として想起されるようになる。このとき、場所は不動の目印であり、記憶のイコン（icon）となる。共同体の経験は、その土地の歴史にもなる。「奇病騒ぎ」や「水俣病事件」という見出しに要約される歴史である。岡真理は「地名といった固有名は、単独性を本質とする〈出来事〉を語る、もっとも短い物語なのかもしれない」と示唆する（岡二〇〇〇：vii）。同様に、地名を冠した〈水俣病〉もまた物語であるといえよう。その呼び名は物語のタイトルであるが、どのような物語として読むかは読み手に委ねられている。

漢字にして三文字の〈水俣病〉というテキストは、任意に読解あるいは鑑賞される。〈水俣病〉というテキストは、必然的に〈水俣〉というテキストを呼び込み、一方で〈水俣〉というテキストに織り込まれる。「水俣病」という呼び名を介して、「水俣病を通して見る水俣」と「水俣を通して見る水俣病」とが循環する。それは閉じた円環ともいえるし、螺旋運動ともいえる（2）。

水俣の地名がそのまま病名として使われることへの批判は、一九六八年の「公害認定」以前からあった。一九五九年一〇月一五日の熊本日日新聞は「合理性を欠いた病名、水俣病に寄せて!!」という見出しで社説を掲載している。一九六八年に水俣病が公害病として定義された後、一九七〇年代には水俣市において「水保病」という呼び名に対する組織的な異議申立てが活発になる。署名や陳情によるその活動は「病名改称運動」や「病名変更運動」と呼ばれる。「水俣病」という呼び名に向けられた水俣市民有志による異議申立て活動を、筆者もまた「病名変更運動」と呼んできた。それを病名変更運動と呼ぶ、まさにそのことが、対象を病名と定義する行為の一環であるということには気付かないままに。

病名として言及することによって「水俣病」は病名として承認されてきた。そうした意味において、病名変更運動は逆説的に病名確定運動でもあった。変更を求める行為それ自身によって、その対象がより強固なものとして立ち現れたのである。以下、こうした視点から、「チッソ株式会社水俣工場が水俣湾に流した工場廃水により生じたメチル水銀中毒」の名付けについて考察する。

2-3　水俣病を括弧に入れる

高峰は「水俣病事件は多面体である。どの角度から光を当てるかで見えてくる像は違う」（高峰編二〇一八：三六）という。立ち位置（視点）と先入観によって見え方が異なるのは水俣病事件だけではない。水俣病事件もまた、別の多面体の一部を構成する像の一つでありうる。そして、「水俣病事件の全容」とそこに属さないものとを分かつ枠組み、つまり「水俣病事件のフレーム」は、明示的に語られず、また語り得ない。水俣病を括弧に入れることが、そこに向かって問いを拓く端緒となる。

「水俣病」という呼び名に対する、富樫貞夫と入口紀男の見解は近似している。富樫は「〈水俣病〉の語は、工場排水中のメチル水銀によって起きた健康被害を余すところなく表現するには狭すぎるのだ」（富樫二〇一七：一二）と指摘し、入口は「『水俣病』という用語は、メチル水銀中毒症としての普遍的な認識を狭く限定してしまいます」（入口 二〇〇八：一七二）と指摘する。入口は、メチル水銀中毒が水俣病以前に周知であったことを示した上で、「『水俣病』という言葉は、その言葉のとおりに、地域としての『水俣』（みなまた）や人格をもつ公法人としての『水俣市』をメチル水銀中毒症やその原因と『同一視』する言葉である」（入口二〇一六：一三七―一三八）とも指摘する。また、映画『水俣病―その三〇年―』（青林舎、一九八七）では、川本輝夫が水俣病を「病気ではなく傷害事件である」と説明している（冒頭から一八分の場面）。この言葉は、「人為的汚染による中毒（poisoning）を疾患（disease）と言い換えることによって傷害事件の隠蔽が図られている」という指摘となっている。

これらの指摘を筆者なりにまとめると、「チッソ株式会社水俣工場が水俣湾に流した工場廃水により生じたメチル水銀中毒」を「水俣病」と呼ぶことは、水俣へと視線を誘導することで被害地域の一部を前景化すると同時に、メチル水銀中毒をもたらした環境汚染の実態を後景へと押しやり、健康被害の捉え方を狭め、「病気」の一つと位置づけることによってその事件性をも隠蔽する行為である、ということになる。「水俣病」という呼び名が〈水俣病〉への想像力を縛っているともいえる。

しかし、「水俣病」と呼ぶことによってメチル水銀中毒の実態や事件性が背後に隠されるとしても、一連の出来事は「水俣病事件」として既知であり、その事件史は日々厚みを増している。それは「水俣病」の名の下に編まれ続けるテキストである。そこには個人史と情念も織り込まれている。それゆえに「悲劇」と言い換えられる。これを「メチル水銀中毒」へと言い換えれば、環境汚染による健康被害としての論じ方が広がるかわりに物語の個別性あるいは地域性が後景へと退き、「事件」も異なる文脈に置かれうる。こうして呼び名が政治性を帯びる。呼び名をめぐる葛藤と確執は、〈水俣病〉が自明である限りにおいて〈水俣病〉の事件史に組み込まれていく。

「水俣病」という呼び名が指し示すものは、事件の舞台からメチル水銀中毒まで幅広い。〈水俣病〉は様々な局面を包摂する物語であり、多様な事実認定と意味解釈と想像力がその一語に収斂する。富樫は、〈水俣病〉は社会的概念であり多義的であるという。操作的概念ではなく曖昧だからこそ、「病」も「事件」も「問題」も包摂して、様々な文脈で使用できる。では、〈水俣病〉について語り論じるとき、語り手は〈水俣病〉を俯瞰しているだろうか。

〈水俣病〉を対象とする研究において、〈水俣病〉は所与である。そして前景と後景を同時に見ることはできない。なにかを見ることは、それを見ている限りにおいて、他のなにかを見ないことである。〈水俣病〉を論じるとき、「〈水俣病〉を隠蔽しようとする意図」には敏感になるが、「〈水俣病〉が隠蔽しているもの」は不可視となる。では、「一九三二年から一九六八年にかけてチッソ株式会社水俣工場が水俣湾に流した工場廃水により生じたメチル水銀中毒」を〈水俣病〉として見ることによって隠されてしまうものとはなにか。「水俣病研究」という枠組みで語り得ないものとはなにか。

3　原因不明疾患の呼び名

3－1　医学研究での呼び名

一九五六年八月から「奇病」の原因究明にあたった熊本大学研究班では、どのような経緯で「水俣病」という呼び名を使用するようになったのか。橋本編（二〇〇〇）は、勝木司馬之助（研究班当時は第一内科教授、一九五六年一二月に九州大学医学部に転任）を「水俣病」という呼び名の提案者と記す。

熊本大学医学部研究班の中でも、いつまでも奇病と呼ぶことはあまりに非医学的であることから、勝木教授が「水俣病」と呼ぶことを提案し、これが最も適当であろうということで意見が一致した。

（橋本編 二〇〇〇：七二）

熊本大学研究班に加わった徳臣晴比古（研究班当時は第一内科助教授）も、「水俣病」を勝木による命名であると記す。

この病気の本態がわからないまま、自然発生的〝奇病〟と呼んでいたが、勝木先生はある日の会合で「水俣地方の特有の原因不明の病気だから『水俣病』と、言ったらどうだろう」と発言されて、「うんそれがいいだろう」ということになった。

（徳臣　一九九九：三八）

そして、勝木自身は一九六〇年に以下のように記している。

熊大での委員の集まりの、ある日の席上で、尾崎委員長はこの病気が将来「何々病」と名がつく可能性のあるものかどうかを話題にした。そして本病は「水俣病」と呼ばれるのが最も適当であろうということに一同の意見が一致した。

昭和三一年一一月四日、熊大において最初の委員会の中間報告が行われた。

（勝木　一九六〇：九－一〇）

前記の文中で勝木は呼称の発案者が誰であるかに言及していないが、一九六八年九月二七日付の熊本日日新聞「水俣病とわたし／公害病と取り組んだ人たちの声」には、勝木の述懐に「わたしは委員会にはかったすえ『水俣病』と命名した」とある。

勝木や徳臣が「一同の意見が一致した」としている「ある日」がいつのことであるか不明だが、前記に引用した勝木（一九六〇）の記述が時系列であれば、「昭和三一年一一月四日、熊大において最初の委員会の中間報告が行われた」よりも以前、つまり勝木が熊本大学医学部に在籍していた一九五六年ということになる。しかし、『日本醫事新報 No.1721』（日本醫事新報社、一九五七年四月二〇日号）に熊本大学医学部長・尾崎正道らの連名（勝木の名もある）で掲載された報告の表題は「錐体外路症状を主徴とする原因不明の中枢神経疾患の多発例（いわゆる水俣奇病）」であり、尾崎も「水俣奇病研究班長」とある。「奇病と呼ぶことはあまりに非医学的で」「『水俣病』と呼ばれるのが最も適当であろうということに一同の意見が一致した」のであれば、研究班はなぜその名を用いないのだろうか。

熊本大学医学部の論文で「水俣病」という呼び名に言及しているのは病理学教室の武内忠男が最初で、一九五七年の「水俣病（水俣地方に発生した原因不明の中枢神経系疾患）の病理学的研究（第二報）／特に本症の神経細胞の病変に就て」（『熊本医学会雑誌』第三一巻補冊第二号）に、「中毒性因子が確認されるまでは本症を水俣病と仮称することにしたい」とある（武内ほか 一九五七：二六二）。「仮称」とあるように、この中で武内は「命名」という表現を用いていない。また、同じ号の収録論文での研究班による表記は「水俣病」に統一されていない。

熊本大学研究班での「水俣病」の由来には、勝木による「命名」と武内による「仮称」という二つの説明が存在するが、文献から確認する限り、順序としては武内による使用が先である。『三二年度文部省研究費研究報告集録（医学および薬学編）』（日本学術振興会、一九五八、二七五―二八一）に集録されている「熊本県水俣地方に発生する中枢神経系障碍を主徴とする原因不明疾患の本態究明並びに予防治療について」（尾崎正道ほか）において、武内は以下のように「ヒトの水俣病」という表現を用いている。

> 水俣湾沿岸に棲む鳥類及び本症発生地域のネコにヒトのそれに類似する疾病の存在することを認め、且つそれら動物の剖検的検索をなし、動物に認められる類似疾患がヒトの水俣病と全く同様の病理解剖学的並びに組織学的所見を示しておることを確かめた。（尾崎ほか 一九五八：二七七）

この引用部分の後、武内は更に五箇所で「水俣病」を用いており、「奇病」という表現は一度も用いていない。一方、同じ報告「熊本県水俣地方に発生する中枢神経系障碍を主徴とする原因不明疾患の本態究明並びに予防治療について」（前掲）において、勝木は以下のように「水俣奇病」を用いている。

水俣奇病の症状が錐体外路系及び小脳系の障碍を示すことより、毒物の該神経に対する親和性が考えられるので、生化学的に重金属を中心とする諸代謝を追求し、ウイルソン氏病のそれと対比しつつ、本症の病態生理を究明しようと試みた。

（尾崎ほか 一九五八：二八一）

右記の報告では、研究代表者である尾崎正道も「水俣奇病」を用いている（二七六頁）。引き続き尾崎を代表者としている翌一九五八年度の報告は、論題が「いわゆる水俣奇病の発症原因の究明ならびに予防治療法の攻究」（『三三年度文部省総合研究報告集録（医学及び薬学編）』日本学術振興会、一九五九、二三七―二四四）である。熊本大学研究班の会合において意見の一致を見て「『水俣病』と命名した」のであれば、一九五七年に武内が『熊本医学会雑誌』で「水俣病」を用いた後、研究班が翌一九五八年度の文部省報告の表題にまで「いわゆる水俣奇病」を用いるのは不可解である。

「水俣奇病」の用例は一九五八年以降も見られる。一九五八年度の『熊本医学会雑誌』第三二巻には水俣病に関する報告はほとんど掲載されていないが、第三二巻第九号で耳鼻咽喉科学教室の野坂保次らが「水俣奇病患者の聴力並に前庭機能に就て」という論題で「水俣奇病」を用いている。また、熊本大学以外では、一九五九年の『公衆衛生院研究報告』第八巻第三号に、佐藤徳郎らによる「水俣奇病に関する研究」が掲載されている。

後年、武内は「水保病」と仮称するに至った経緯を以下のように述べている。

熊本大学医学部の最初の研究班（尾崎医学部長、勝木、長野、六反田、武内、喜田村）が一九五六年八月に結成されて、最初の現地調査に出向く途中、この奇病について呼称が必要であることが話された。当時、水俣地区に多発していることから、新聞雑誌などでは水俣奇病という言葉が使われていたが、奇病というのではあまりに非医学的であることから一応地名で呼んでおいたらどうであろうかという提案を武内が出した。それは、かつて満州で不明疾患が克山地区に多発した際、満州医科大学研究班で克山病と名づけて便宜を得ていた歴史があるからである。しかし、その際、水俣ではそれがよいとか、決定的にどうしようというところまでいかないまま過ぎ、研究班の第一回報告（熊本医会誌、第三一巻補冊第一、一九五七年一月）では、〝水俣地方に発生した原因不明の中枢神経疾患〟として記載された。私どもは便宜上教室ではすでに水俣病と呼称していたので、五七年六月発行の第二回研究報告（熊本医会誌、第三一巻補冊第二）で、〝水俣病の病理学的研究（第二報）〟の中でこの言葉を使用し、〝なおここで中毒性因子が確認されるまでは本症を水俣病と仮称することにしたい〟、と記録し、その後原因が明らかになれば、その原因に応じた名称にすべきであると考えた。この報告以後は便宜上班員の誰もが水俣病と記載するようになり、それにいささか抵抗を感ずる場合には〝いわゆる水俣病〟というあいまいな名称が使われていた。

（武内 一九七九：二七）

以上のように、熊本大学研究班としては「水俣奇病」から「水俣病」への言い換えは緩やかに進んでおり、ある日を境に「水俣病」で統一されたわけではない。このことから、当時の熊本大学研究班に命名という合意がなかったことが窺える。

3-2　報道と行政での呼び名

新聞見出しでは、一九五八年の半ばまで「水俣の奇病」または「水俣奇病」という表記が一般的であり、「水俣病」の用例は例外的である。ところが、一九五八年八月の「一年半ぶりの患者発生」を報じる記事からは一転して新聞各紙の見出しが「水俣病」でほぼ統一される。地元紙の熊本日日新聞の場合、一九五八年八月一六日以前には、一九五七年一一月三〇日夕刊の見出し一件に「水俣病」の表記を確認できるのみである。新聞記者は、一九五八年八月上旬までは「水俣病」という呼び名をほとんど用いていない。

新聞見出しを遡ると、一九五六年九月一日の西日本新聞は「奇病、葦北脳炎と仮称、熊大医学部、希望患者を付属病院へ」と報じている。その一週間後、九月八日の水俣市議会定例会においては、議員（山口義人）が呼称として実際に「葦北脳炎」を用いている（水俣病研究会編 一九九六（上）: 四〇一―四〇三）。しかし「葦北脳炎」という呼び名を新聞見出しに確認できるのはこの一例のみであり、西日本新聞での続報も「水俣の奇病」である。

新聞で「葦北脳炎と仮称」と報じられるということは、熊本大学研究班は一時的にせよ当時その呼び名を使っている。武内忠男は「葦北脳炎」に触れて以下のように述べている。

研究班としては、奇病と云う言葉は適当でないし、また葦北（水俣地区の所在地名）脳炎と云う提案もあったが、私ども病理班としては、本病の原因ならびに本態が明らかになるまでは、単に水俣病と呼ぶ方が便宜であることを主張して、一応そう仮称することにした。（武内 一九六六：一九四）

新聞見出しが「水俣奇病」から「水俣病」へと置き換わる過程を示す。一九五八年六月から一〇月までの熊本日日新聞の見出しより以下に抜粋する。呼び名は**太字で**強調した。見出しの抽出は、丸山定巳『水俣病に関する総合的調査手法の開発に関する研究報告書』（日本公衆衛生協会、一九八〇、一九八一）による。

六月一〇日　**水俣奇病**／早く原因究明を、地元側、県や政府に要望
六月一八日　**水俣奇病**の対策急げ、市長、漁民ら県に陳情
六月一八日　**奇病**患者に加算金、毎月七百二十五円、厚生省が特別措置
六月二四日　早期解決に努力、**水俣奇病**で政府追及、銀杏会
七月　二日　実動、県に陳情へ、水俣市議会**奇病**対策委
七月　九日　「**水俣奇病**の原因は新日窒の盛業物」厚生省科研班が推定
七月一六日　総合的に原因を究明、厚生省、地元の協力を要請／**水俣の奇病**
七月一八日　水俣湾に密漁船、**奇病**対策の協定犯して
八月　七日　**水俣奇病**を視察、柴田参議員ら九日に来熊
八月一〇日　**奇病**（水俣）地帯を視察、柴田参議らの一行

八月一七日　**水俣病**が新発生／カニ食べた少年、魔の禁漁区は獲り放題／なお続発の恐れも
八月二二日　援護対策の立法化を、**水俣病**、国会へ働きかけ
八月二四日　〈日曜ストーリー〉〝**水俣病**〟に悲しみの一家／相ついで二人が発病、姉は死に、弟は盲目に
八月二六日　**水俣病**患者回復へ向う
八月三一日　「**水俣病**」究明に本腰、各省課長で対策協議会
九月　二日　生活補償を与えて、**水俣病**、漁民大会で訴える
九月　四日　〈新生面〉**水俣病**の原因、推定の段階でも廃液処理には万全を
九月一〇日　〝**水俣病**患者に補助金を〟、互助会が嘆願書出す
九月一四日　**水俣病**援護の立法化、県、地元一体で陳情へ
九月一七日　**水俣病**の援助状態を調査、重石県社会課長ら
九月一八日　「**水俣病**」に国際的メス／米国からはるばる二博士、患者を診察、魚介類も採取／科学者として貢献したい
一〇月　一日　市庁舎問題で質疑、水俣市会、**奇病**対策も追求
一〇月　八日　予備費八〇〇万円を要求、厚相、**水俣奇病**対策で答う
一〇月一一日　**水俣病**対策委員会開く
一〇月一七日　〝**水俣病**〟問題を追及、衆院社労委、加療対策を立てよ、園田氏
一〇月一八日　**水俣病**にまた新患者／禁漁区域外のタコ、夫が毎日とり、続けて食べた妻／六七人目

の発生

一〇月一九日　〈東京だより〉「**奇病**」に張切る園田氏、皮肉られた郷土の選良

一〇月二三日　予算獲得へ見通し、山口県衛生部長談、**水俣病**対策費八五〇万円

一〇月二三日　湯浅技官、**水俣病**の現地視察

一〇月二四日　大蔵省も了解、**水俣病**への国庫補助

一〇月二九日　**水俣病**で現地を視察、今週中には予算も獲得／県議会厚生労働委

一〇月三一日　市庁舎建設にメド、水俣市長帰任談、**奇病**対策費も確約

このように、熊本日日新聞の見出しでは一九五八年八月一七日付の「新発生」の報道を境に「奇病」が「水俣病」に置き換わる。ただし、一〇月になっても「奇病」は用いられており、この時点では新聞での表記もまだ揺れている。

厚生省も同様に、一九五八年には「水俣病」と「水俣奇病」の両方を用いている。公衆衛生局食品衛生課は一九五八年二月一〇日付文書の表題を「水俣病について」（水俣病研究会編 一九九六（上）：六七二）としたが、同年一〇月一七日付文書は「熊本県水俣地方に発生したいわゆる水俣奇病について」（前掲書：六七九）である。

水俣市から政府への陳情書でも、一九五八年六月二三日付「水俣奇病に関する請願書」（前掲書：三七三）、同年八月九日付「水俣病に関する陳情書」（前掲書：三七五）、同年一〇月一七日付「水俣奇病に関する請願書」（前掲書：三七九）と、表記に揺れが見られる。

熊本県の公文書では一九五七年一二月一三日付で衛生部長から水俣市長と水俣保健所長に宛てた文書「水

保病にともなう行政措置について」（前掲書：五〇六）で既に「水俣病」が用いられている。一九五八年七月八日付で水俣保健所長から衛生部長に宛てた文書は「奇病に類似せる患者の調査について」（前掲書：五〇六）となっているが、一九五八年八月二一日付で経済部長から沿海各漁業協同組合長に宛てた「水俣湾一円の漁獲について」には「いわゆる水俣病が発生し」（前掲書：五一二）とあり、これ以降、公文書では「水俣病」が用いられている。一方、一九五八年九月二九日の熊本県議会定例会会議録によると、長野春利が「水俣奇病についてお尋ねを申し上げます」（前掲書：五七六）、桜井三郎知事が「水俣の奇病につきましては」（前掲書：五七八）、水上長吉副知事が「水俣奇病の対策につきましては」（前掲書：五七八）と発言しており、口頭では「水俣奇病」も用いられている。

３－３　俗称としての「水俣病」

命名は如何にして成立するのか。命名とは、呼ぶ者と呼ばせる者の関係である。発見し命名するということは、当該の事象を既知の事象から区別するということである。一般的に、学術用語はその道の専門家が決める。言い換えれば、その道の専門家が決めた呼び名は学術用語として承認される。

> 専門概念は、命名されることによって概念として確立する。概念として確立させることが命名の目的の一つであるといってよい。その場合、商品名などにみられるように受け手の印象や直観に訴える命名をめざすことはまれで、感情的な意味を排した命名、概念の内容をできるだけ「正確に」想起させるような命名が行われる。
>
> （石井二〇〇八：一二三）

ここで石井が専門概念として病名を念頭に置いているかどうかは不明だが、これに照らせば「水俣病」は専門概念であるよりもむしろ「受け手の印象や直観に訴える命名」である。それゆえにこそ原因不明の疾患の呼び名として便宜であった。「水俣病」が医学上の専門概念であるなら、その名は「概念の内容をできるだけ『正確に』想起させる」ことができているか。「水俣病」が想起させるべき「概念の内容」とは、そもそも何であるのか。薬害スモン（SMON）は、一九五〇年代に奇病として発見され伝染病の疑いにより患者家族が忌避された点で水俣病と類似の経過を辿ったが、キノホルム中毒であることが判明する以前に〝subacute myelo-optico-neuropathy（亜急性脊髄視神経症）〟の名を与えられていた。

もともと「水俣病」の呼び名に医学上の所見は反映されていない。熊本大学研究班は、「原因不明の中枢神経系疾患」を「水俣地方に発生した」という形容によって他の事象と区別した。その点では「水俣奇病」も「水俣病」も変わらない。「奇」のニュアンスを含むか含まないか、それだけの違いである。端的に言えば、「水俣病」は「水俣奇病」と共に俗称の一つである。医学者と省庁は所定の手続きを経て「水俣病」と命名したのではなく、「水俣奇病」の「奇」を省くことで俗称を病名として公的に用いてきた。

熊本大学研究班における一九五七年時点での「水俣病」は、武内らが「仮称」と前置きして用いた呼称であった。先に触れた「熊本県水俣地方に発生する中枢神経系障碍を主徴とする原因不明疾患」についての報告書からも明らかなように、研究班でも「水俣病」を統一的に用いるには至っていなかった。勝木や徳臣のいう「ある日の会合」での「命名」というエピソードは、「水俣病」が報道などで一般的に用いられるようになった後で、遡って主張されていることである。

一九五六年から一九五七年にかけて熊本大学研究班によって「命名」がなされていたのであれば、熊本大学研究班の動向を含めて報じてきた新聞各紙が一九五八年八月中旬になって「水俣病」を使い始めたことの説明がつかない。しかも、地元紙である熊本日日新聞では一〇月になってもなお「奇病」の表記が見られ、八月で「水俣病」に統一されたわけでもない。これを見る限り、「水俣病」という呼び名は、報道においても「命名」という明確な合意を経ずに、「奇病」に代わる一つの俗称として選ばれ定着したものだと考えられる。武内（一九八九）の以下の報告も、そうした経過を踏まえている。

私は、一九五六年の発生当時に水俣地区のいわゆる奇病を水俣病と仮称し、原因が明らかになってからは、それをやめて原因名を呼ぶべきことにしようと提案していたのであるが、あまりにも長い間公認されないままに経ち過ぎたために、その Minamata Disease が固有名詞になってしまったという経緯がある。（武内一九八九：二一）

「水俣病」という呼び名は医学上の命名によらず俗称として定着したものであり、医学者もまた「熊本県水俣地方に発生した原因不明の中枢神経系疾患」の反復を避けて「いわゆる水俣奇病」そして「水俣病」と便宜的に使い分けてきた。最後に残った「水俣病」が、つまりは最も受け入れられやすい、淘汰された呼び名だということになる。とはいえ、「奇病」から「水俣病」への置き換えは一九五八年八月を境として一斉に進んでおり、その背後には何らかの合意が示唆される。上述した一九五九年一〇月一五日の熊本日日新聞社説「合理性を欠いた病名、水俣病に寄せて!!」には、「厚生省は、この病気を何故に〝水俣病〟と名づけたのであろうか」とあり、「水俣病」が行政での使用から浸透したように読めるが、表記の揺れが見られる点は厚生省も当時の新聞各紙と同様である。報道の影響力を考えても、どのような力がこの変化を促したのかは興味深い（3）。

4 「公害に係わる疾患」の呼び名

4-1 「水俣病」への見解と「水銀中毒事件」への見解

一九六八年九月二六日、厚生省は「水俣病に対する見解と今後の措置」（傍点は筆者による）を発表し、「水俣病は、水俣湾産の魚介類を長期かつ大量に摂取したことによって起った中毒性中枢神経系疾患である」（水俣病研究会編 一九九六（下）：一四一二）としてメチル水銀化合物をその原因物質と認めた。これは「原因不明の疾患」とされてきた水俣病に対する政府の公式見解であった。また、「公害に係わる疾患として」対策を行う（前掲書：一四一三）と明言されたことを受けて、この政府見解発表の三日後に水俣市発展市民大会を開催した水俣市発展市民協議会（4）は、「公害として認定された現段階で、この際水俣病という病名の名称を変えること、未だに水俣病が発生しているような誤解を解くべく厚生省並び報道機関に要請する」と趣意書に記している（5）。

しかし、厚生省が「メチル水銀化合物による中毒である」と発表したのであるから、その発表によって「水保病」という（原因不明であるが故の）俗称は病名としての役割を終えたはずである。にもかかわらず、これ以後は「メチル水銀中毒である水俣病」が存在することになった。つまり政府見解は「水俣病」を「メチル水銀中毒」に置き換えるのではなく、「メチル水銀に由来する、水俣病という疾患」の存在を宣言したのである。水俣市発展市民協議会の要請は、この名付けに向けられたものであった。

一方、一九六八年の政府見解発表の時点においてもなお「水俣病」と名指されるものの定義は確立していなかった。厚生省の「水俣病に対する見解と今後の措置」と同時に発表された「阿賀野川水銀中毒事件に関する政府見解」で、科学技術庁は「水俣病」の呼称を用いなかった。一九六八年一一月七日、衆議院産業公害対策特別委員会にて石田宥全（社会党、新潟二区）はこの政府見解について「阿賀野川の中毒事件をなぜ水俣病と呼ばなかったか」と質問している。科学技術庁科学審議官・高橋正春の回答は以下の通りである。

従来の文献によりまして、水俣病とはいかなるものをいうかという定義づけにつきまして検討いたしたわけでございます。私どもが目を通しましたのは、しばしば先生のお使いになっております「水俣病」―四一年の三月の、熊本大学の研究班でまとめたものでございますが、この中におきまして、私が見ました範囲では七つほどの記載がございますけれども、すべて違っております。（中略）いま申しました定義が非常に明らかでございませんので、私どもは、この段階では、水俣病ということばを使うことを避けたわけでございます。

（第五九回国会衆議院産業公害対策特別委員会　会議録第五号　一九六八年一一月七日）

「水俣病とはいかなるものをいうかという定義づけ」が明らかでないために、科学技術庁は阿賀野川での水銀中毒を「水俣病」と呼ばなかったという(6)。しかし、そもそも「阿賀野川水銀中毒事件」を「水俣病」として説明しなくてはならない理由とはなにか。石田宥全の質問が「熊本の水俣病をなぜ熊本水銀中毒事件と呼ばなかったか」でないことは重要である。それまで定義が明らかでなかったにもかかわらず厚生省はどうして「水俣病に対する見解と今後の措置」を発表できたのか。一九五八年以降「水俣病」の呼び名が定着しており、「見解と今後の措置」の対象が〈水俣病〉として認知されていたためである。すなわち、了解が成立していたために定義は必要とされなかった。

〈水俣病〉が「水俣地方に発生した原因不明の中枢神経系疾患」であるなら、厚生省見解の表題は「水俣地方に発生した中枢神経系疾患に対する見解と今後の措置」でも通用したはずであるし、行政の用語法としてはその方が相応しかったともいえる。しかし厚生省見解は〈水俣病〉を所与とし、〈水俣病〉をメチル水銀化合物による疾患として説明し、〈水俣病〉を「公害に係わる疾患」と位置づけた。その呼称に異議を申し立てたのは水俣市民だけである。

熊本の場合は、順序としてまず〈水俣病〉があり、それがメチル水銀によって説明された。一方、新潟の場合は健康被害の確認当初から「水銀中毒事件」として扱われた。また、報道では「新潟に『水俣病』?・」(『朝日新聞』朝刊、一九六五年六月一三日)などとあるように、当初から〈水俣病〉が新潟の事例へと拡張されており(7)、新潟独自の俗称が定着するには至らなかった。「水俣病に対する見解と今後の措置」と「阿賀野川水銀中毒事件に関する政府見解」、この二つの表題に熊本と新潟の事件の相違が現れている。

4-2 「公害の影響による疾病」としての再定義

政府見解発表の翌年一九六九年、あらためて厚生省の委託により「公害の影響による疾病の指定に関する検討委員会」、通称「佐々《さっさ》委員会」において、病名が検討される。「公害に係る健康被害の救済に関する特別措置法」（以下「救済法」）に定める疾病の名称を検討したのである。これを同年八月五日の西日本新聞が「水俣病の〝病名〟など再検討、厚生省」という見出しで報じている。この経緯を、認定義務付け訴訟（溝口訴訟）の最高裁判決文（二〇一三）より引用する。

救済法を受けて制定された公害に係る健康被害の救済に関する特別措置法施行令（昭和四四年政令第三一九号。以下「救済法施行令」という。）一条及び別表は、同法二条一項の政令で定める地域として「熊本県の区域のうち、水俣市及び葦北郡の区域並びに鹿児島県の区域のうち、出水市の区域」を定め、同項に規定する疾病として「水俣病」を定めていた。このように救済法施行令別表に「水俣病」が定められるようになったのは、昭和四四年八月に財団法人日本公衆衛生協会が厚生省から研究の委託を受けて佐々貫之を委員長として設置した公害の影響による疾病の指定に関する検討委員会（以下「佐々委員会」という。）によって、公害に係る健康被害の救済制度の確立と円滑な運用に資するため、制度の対象とする疾病の名称、続発症検査項目等の問題について検討が行われた結果、有機水銀関係については、政令に織り込む病名としては「水俣病」を採用するのが適当であること、水俣病の定義は「魚貝類に蓄積された有機水銀を経口摂取することにより起こる神経系疾患」とすること等の意見が取りまとめられ、かかる佐々委員会の意見を受けて、救済法施行令別表に「水俣病」が規定されるに至ったという経緯によるものであった。

（最高裁判所、二〇一三年四月一六日：四）

ここに触れられている佐々委員会の報告書『公害の影響による疾病の指定に関する検討委員会の記録 公害の影響による疾病の範囲等に関する研究（昭和四四年度厚生省委託）』（日本公衆衛生協会、一九七〇）（8）には以下のようにある。

政令におり込む病名として「水俣病」を採用するのが適当である。

水俣病の定義は、魚貝類に蓄積された有機水銀を経口摂取することにより起る神経系疾患とする。また、水俣湾沿岸における水俣病と阿賀野川沿岸における有機水銀中毒との相互関係については、疫学、臨床、病理、分析等の所見から同一の疾病であり、同一病名で統括することができる。

水俣病という病名は、我国の学会では勿論、国際学会においてもMinamata Diseaseとして認められ、文献上もそのように取扱われている。また、有機水銀中毒、アルキル水銀中毒、メチール水銀中毒等は経気、経口、経皮等によっても惹起されるが、水俣病は上記定義の如く魚貝類に蓄積された有機水銀を大量に経口摂取することにより起る疾患であり、魚貝類への蓄積、その摂取という過程において公害的要素を含んでいる。このような過程は世界の何処にもみないものである。この意味においても水俣病という病名の特異性が存在する。

（日本公衆衛生協会 一九七〇：七七）

これにより、疾病としての定義と病名の正当性が〈水俣病〉に後付けで与えられた。佐々委員会で「有機水銀関係」を担当したのは、熊本大学の貴田丈夫と徳臣晴比古、新潟大学の椿忠雄と三国政吉である。徳臣は後年、以下のように記している。

後になって、本病の原因物質は有機水銀のうちアルキル水銀であることをわれわれが突き止めた。アルキル水銀中毒は、それまでに英国で発表されていたが、ヒトへの毒物の取り込みの形式が海中の汚染された魚を介しているという点で、世界に類を見ない。その点からも〝水俣病〟という名前は適切であるということができる。（徳臣 一九九九：三八）

遅くとも一九六〇年の時点で勝木司馬之助が「水俣病」の命名に言及し（勝木 一九六〇：九－一〇）、一九六八年九月二七日の熊本日日新聞にも「命名者」として掲載されている以上、同じ第一内科の徳臣がそのストーリーを踏襲するのは必然だろう。佐々委員会による病名の検討を命名手続きと捉えるなら、「わたしは委員会にはかったすえ『水俣病』と命名した」（『熊本日日新聞』朝刊、一九六八年九月二七日）という勝木の言明は、一九六九年の救済法の段階で徳臣らにより一〇年越しで成就したともいえる。そうした意味では、「水俣病」の命名者は勝木と徳臣かもしれない。

佐々委員会は「水俣湾沿岸における水俣病と阿賀野川沿岸における有機水銀中毒」を「同一の疾病」と認める一方、「水俣病」が学会で認められており「このような過程は世界の何処にもみない」ことを理由に「水俣病」の名称が適切であるとした。こうした検討を経て、一九六九年一二月の救済法による地域指定により、「新潟県阿賀野川流域に発生した有機水銀中毒」は公式に「水俣病」となった。言い換えると、〈水俣病〉に「新潟県阿賀野川流域に発生した有機水銀中毒事件」が公式に加えられた。以後、新潟においても「有機水銀中毒」は〈水俣病〉の属性の一つとして後景へと押しやられる。

救済法において水俣と新潟の事例が共に「水俣病」とされたことを反映して、その前後の『公害白書』でも表記が異なっている。昭和四四年版には「昭和二八年から三一年にかけて熊本県水俣市を中心に発生した水俣病事件、三九年から四〇年にかけて新潟県阿賀野川流域に発生した有機水銀中毒事件」(厚生省 一九六九：四—五)とある。これに対し、昭和四五年版では「熊本県および新潟県での水俣病」(厚生省 一九七〇：六七)となっている。

ただし、新潟については表記の揺れが見られる。右記と同じ昭和四五年版にも「四四年六月に水俣病事件(熊本県)についての訴訟が提起され、すでに訴訟の提起されている四日市ぜんそく事件、阿賀野川有機水銀中毒事件(新潟県)、イタイイタイ病事件(富山県)とともに、四大公害裁判として社会の耳目をひきつけている」(厚生省一九七〇：一〇〇)とある。この揺れは昭和四六年版にも残っており、「四大公害裁判として社会の耳目をひきつけている阿賀野川有機水銀中毒事件、四日市ぜんそく事件、イタイイタイ病事件および水俣病事件」(厚生省一九七一：一五九)とある。

そして「阿賀野川有機水銀中毒事件」は「新潟水俣病事件」へと置き換えられていく。昭和四七年版環境白書には以下のようにある。傍点は筆者による。

熊本県水俣湾沿岸地域において、また、昭和三九年から四〇年にかけて新潟県阿賀野川流域に発生したメチル水銀中毒事例はいずれも水俣病と呼ばれている。これは工場廃液中のメチル水銀化合物が魚介類で濃縮し、それを大量に長期間摂取したことにより発病したものであり、先に発生した水俣の地域名を取り入れ水俣病と呼ばれるようになった。
（環境庁 一九七二：一七九）

また、昭和四八年版環境白書には「新潟水俣病訴訟」の説明に以下の記述がある。傍点は筆者による。

この訴訟は、新潟県阿賀野川流域の住民が昭和四二年六月（第一次訴訟）に、昭和電工株式会社を被告として、同社の鹿瀬工場からの廃液に含まれているメチル水銀化合物により汚染された魚類を摂取したため、新潟水俣病に罹患し、重大な被害を被ったことに対する損害賠償を請求したものである。（中略）また、被告企業の責任については、鹿瀬工場の排水中にメチル水銀が含まれており、それが阿賀野川沿岸住民を水俣病に罹患させることがあっても、被告がこれを容認していた事実は認められず、（後略）
（環境庁 一九七三：三四）

これらのメチル水銀中毒において特異とされたのは発生した過程であって、発生した場所ではない。「食物連鎖によるメチル水銀中毒」を特異例として他のメチル水銀中毒から区別して呼ぶ必要があったとすれば、「水俣病」を再定義して新潟に適用するのではなく、「水俣」の限定を外して「食物連鎖によるメチル水銀中毒」を表す用語で名付ける方が理に適っている。また、そうでなければ「熊本県水俣地方に発生した原因不明の中枢神経系疾患」の俗称と混同が生じることは避けられない。しかし、佐々委員会は発生機序の特殊性を強調しながら「このような過程は世界の何処にもみない」と場所に視線を移し、かつ新潟からは視線を逸らし、「『水俣病』を採用するのが適当」とした。

「水俣病」とはメチル水銀中毒を指すのか、補償対象として認定された患者の病状を指すのか、という混乱もある。大阪高等裁判所第三民事部は、二〇〇一年四月二七日付の関西訴訟判決主文で以下のように述べている。

上記のとおり、本判示において、「水俣病」ではなく、できるだけ「メチル水銀中毒症」あるいは「本件メチルに起因する症状」との文言を用いることとしたが、それは、「水俣病患者」という言葉が、ややもすると「（救済法あるいは、公健法において）認定された水俣病患者」の意味で使用されるので、本件がメチル水銀中毒による被害についての不法行為に基づく損害賠償請求事件であることを意識してのことである。

（大阪高等裁判所、二〇〇一年四月二七日：六一）

「水俣病」では指示対象を一意に特定できない。言い換えれば、それは如何様にも使い分けることが可能な呼び名となった。富樫の言う「曖昧な社会的概念」としての〈水俣病〉は、一九六九年に救済法と共につくられた（9）。

4-3　俗称の封印

「水俣病」を「医学的な正当性を与えられた病名」として扱うことは、それ以外の呼び名を「正当ではないもの」として扱うことを意味する。つまり、「水俣病」以外の呼び名が俗称ということになる。

俗称の取扱い規準については、二〇〇二年七月の新聞報道が示唆的である。「つまずき病」、「よいよい病」などが「水俣病」の同義語として熊本県議会ホームページに記載されていたことに患者団体が抗議し、新聞はこれを「水俣病に差別的同義語」(『西日本新聞』朝刊、二〇〇二年七月二五日)と報じた。「つまずき病」、「よいよい病」等は初期に用いられた俗称である。これらの俗称については武内が「現地ではヨイヨイ病、ハイカラ病、ツツコケ(つまづき)病などと呼ばれており」(武内 一九六六:一九四)と記しているほか、岡本達明『水俣病の民衆史 第二巻 奇病時代 一九五五―一九五八』(日本評論社、二〇一五)にも「月浦病に似とる。一週間もすれば治る」(五六頁)、「おら、今どきはやりのハイカラ病になった」(三〇五頁)といった発話が記されている。このように、地元では当初「奇病」を思い思いに呼んでいた。集落の生活の中から立ち上がってきた呼び名である。前記の新聞記事の文脈では、「水俣病」以外のこれらの俗称は一律に差別的であり、「水俣病」は差別的でないことになる。

これは「差別をどこに見出し、どこに見出さないか」という「われわれ」の規準を映している。初期の俗称は患者家族にとって忌避の記憶と不可分であるから、文脈によらず呼び名そのものが差別的とされるのかもしれない。しかし、それならば「水俣病」の語彙を用いた差別発言が繰り返し問題になるとき、その呼び名が水俣市民以外から「不適切な表現」とされてこなかったのはなぜか。前記の報道が表し、かつ形成しているのは、「つまずき病」や「よいよい病」などの個別の語彙が差別的なのではなく、〈水俣病〉を「水俣病」という正当な名で呼ばないことが差別的であるというルールではないだろうか。

われわれは、呼ぶことあるいは呼ばないことを通じて背後の申し合わせを確認し、遂行的に「それ」を現前させている。「つまずき病」、「よいよい病」といった初期の俗称、あるいは「奇病」という表現は今や禁忌であり、括弧に入れなければ用いることができない。一方、「水俣病」の呼び名を問題視するのは水俣市民だけであり、それも水俣市民のすべてではない。水俣の内と外、見られる者と見る者との圧倒的な力関係を背景に、「水俣病」は正当性と自明性を獲得した。そして次の引用が語るように、正当性と自明性は、忘れ去られることによって確立する。

> 「勝てば官軍」ってことのほんとうの意味はね、勝ったから官軍になったってことが完璧に忘れ去られて、その勝利をみんなが心から喜んでくれるようになるってことなんだ。それが「勝つ」ってことのほんとうの意味さ。つまり、それが勝ったってこと自体が忘れ去られなくちゃならないんだよ。
>
> （永井　二〇〇七：一五七―一五八）

5　呼び名をめぐる政治

5-1　「公害認定」が遡及的に構成する事件史と、その起点としての「公式確認」

一九六八年の厚生省見解がそうであったように、日本においてはメチル水銀中毒とは独立に、むしろメチル水銀中毒に先行して〈水俣病〉の歴史あるいは物語がある。入口（二〇一六）によれば、メチル水銀中毒は一九三〇年代には周知であった。しかしその知見は水俣の「原因不明の中枢神経系疾患」には長らく適用されなかった。「チッソ株式会社水俣工場が水俣湾に流した工場廃水により生じた」という因果関係は別としても、このメチル水銀中毒は「誤診」されるか「原因不明」とされるかのいずれかであった(10)。

一方、「水俣病事件史」は一九五六年五月一日に「原因不明の疾患」が水俣保健所に届けられたことをもって「水俣病の公式確認」あるいは「水俣病の公式発見」と記述する(11)。一九五六年当時に「水俣病」という呼び名は使われていなかったにもかかわらず、「原因不明の疾患」ではなく「水俣病」が確認(発見)されたことになっている。前述した「つまずき病」や「よいよい病」など初期の俗称の封印と共に、当時から水俣病が存在したことになる。〈水俣病〉の事件史は「いま・ここ」から遡及的に生成されている。なお、「公式」が指し示すのは、行政機構が動き始めたという点である。つまり、政治の論争を呼び込む起点となるのが一九五六年五月一日であった。それは「メチル水銀中毒発生の公式確認」とは書き換えられない。

「日本窒素肥料株式会社」は「新日本窒素肥料株式会社」を経て「チッソ株式会社」へと社名を変え、それと並行するように「奇病」は「水俣病」へと置き換わった。一九六〇年代前半の無関心とされる時代を挟んで、反公害世論の中で一九六八年九月に「公害認定」が報じられたとき、歴史として振り返る対象となったのはメチル水銀中毒事件ではなく〈水俣病〉であった。「チッソ水俣工場が水俣湾に流した工場廃水によりメチル水銀中毒を生じた事件」を「水俣病事件」と呼ぶ。そして、「公式確認五〇年」など一〇年ごとの儀式の都度、この〈水俣病〉の起算日は重みを加えられていく(12)。事件の記憶として地域社会の時空間に依拠し、あるいは越境し、メチル水銀中毒を後景にして、〈水俣病〉が不断に生成される。

5-2 「公害の原点」という物語

水俣病はメチル水銀中毒であることが周知となってもなお「類を見ない」ものとしてメチル水銀中毒から差異化され、同時に、後に続くメチル水銀中毒事件の呼び名として用いられてきた。つまり、「前例がない」が「繰り返し起こりうる」こととして扱われる。いわゆる「公害の原点」である。

原田正純は「公害の原点というのは規模の大きさや悲惨さもさることながら、この発生のメカニズムの特異さにあった。他に類を見ないから水俣病は水俣病でなくてはならなかった」という（原田正純「いのちの鏡（三）」『西日本新聞』朝刊、二〇〇二年五月一〇日）。前述した佐々委員会の見解と同様であるが、これも前述したとおり、他のメチル水銀中毒と区別する理由が「発生のメカニズムの特異さ」にあるのなら、「発生した場所」ではなく「発生のメカニズム」を表す名で呼ばれて然るべきである。また、水俣病が「発生のメカニズム」において「他に類を見ない」特殊な事例であるならば繰り返すことはあり得ず、それゆえ他の公害事例の「原点」にもなり得ない。一方、「水俣病を繰り返さない」という発話は、〈水俣病〉が繰り返しうる、すなわちこの「発生のメカニズム」が水俣に限定されないことを前提とする。そこで「他に類を見ない」という形容を「それ以前に類を見ない」と言い換えることで矛盾が回避される。「世界に前例がない」という見なしによって「水俣病は水俣病でなくてはなら」ず、かつ「公害の原点」として語ることが可能となる。「先に発生した水俣の地域名を取り入れ水俣病と呼ばれるようになった」（環境庁 一九七二：一七九）という説明が必要となるのである。

当事者が「原因不明の疾患」として扱ったとしても、それが同時代の医学において「未知の疾患」であるとは限らない。メチル水銀中毒は一九世紀から報告されており、一九五〇年代の時点で未知ではなかった。

しかし〈水俣病〉は「メチル水銀中毒の特殊事例」で「類を見ない病気」とされた。そして以後は世界各地のメチル水銀中毒が〈水俣病〉へと収斂するようになる。「水俣においてもメチル水銀中毒が発生した」のではなく「世界の各地で〈水俣病〉が発生している」という逆転である。佐々委員会は一九六九年の救済法施行にあたって「水俣病」を病名とする根拠を特殊性に求めたが、新潟と共通の発生機序に見出した特殊性を水俣の地名に転嫁してまで「水俣病」を正当化しなくてはならない理由とは何だったのか。入口は次のように述べている。

熊本大学の研究者にとって「水俣病」より前に「水俣病」があってはならなかった。（中略）その主張は、原因企業であるチッソはもちろん、自らの責任を小さく見せたい熊本県や日本国政府にとって都合がよかった。

（入口 二〇一六：一三六―一三七）

特殊な疾患であるという申し合わせにより、水俣病は一般の神経内科医には診断できないものとなり、一方に水俣病の権威をつくりだす。認定審査の遅れもやむを得ないこととされる。熊本県が刊行した『昭和四八年版　公害白書』（熊本県、一九七四）には、「水俣病患者の認定」と題して以下の記述がある。傍点は筆者による。

このような認定申請の増加に対応して、四七年四月の委員改選後の新しい公害被害者認定審査会においては、それまで不定期的に開かれていた審査会を二か月に一回（一回二日間）定期的に開くことにして審査の促進をはかった。しかし、水俣病の特殊性からして、その検診については高度の専門医学的知識を必要とするため検診医師が限られており、認定申請の増加に対応する審査の促進が大きな問題となってきた。

（熊本県 一九七四：一一七）

「魚貝類に蓄積された有機水銀を大量に経口摂取することにより起る疾患」という水俣病の定義に従えば、チッソ水俣工場由来のメチル水銀中毒であっても、直接曝露なら水俣病ではない。同様に、一九三七年にイギリスの種子処理工場で起きたメチル水銀中毒も水俣病ではない（水俣病の前に水俣病はない）。それでいて、種子処理工場で起きたメチル水銀中毒の所見（いわゆる「ハンター・ラッセル症候群」）は、「類を見ない」疾患である水俣病の診断の拠り所とされてきた（13）。そもそも熊本大学研究班の功績とされる有機水銀説がそこから導かれたものであることは、事件史において周知である。

水俣病の認定審査に携わる医学者が、一方で「類を見ない」と言いながら、また一方でその病像を種子処理工場で起きたメチル水銀中毒を基準に判断するのは奇妙なことである。一九七七年の環境庁環境保健部長通知「後天性水俣病の判断条件」（いわゆる「五二年判断条件」）に基づく認定審査が当初から「患者切り捨て」と批判されてきたことも周知である。だが、「類を見ない」という表現もまた、それを水俣だけに起きた特殊な事件と位置づける点において、環境汚染問題を個別事例の枠内に封じ込めていると見ることができるのではないか。水俣で起きたことは特殊なことなのだ、いつでもどこにでも起きることではないのだと。そして全国各地、世界各地に類例が見つかれば、〈水俣病〉をその「原点」と言い換えることで、やはり水俣へと視線を誘導することができる。「世界に一つだけの花」が「花の一つ」であり、「かけがえのない私」が「人類」であるように、特殊と普遍を絶えず反転させながら、〈水俣病〉へと視線が注がれている。

「過去を向けば前例がなく、未来を向けば原点であるような特殊な疾患」という申し合わせに基づく「公害の原点・水俣病」というイコンは、国、熊本県、熊本大学、そして反公害運動、等々の様々な立場から支持されてきた。「世界で初めて、水俣で起きた」という形容は、少なくとも不都合ではなかった。悲憤、告発、啓蒙、弁明、権威付けなどを引き出す言葉として、立場を異にする者同士がそれぞれに「水俣病」という呼び名を必要としたといえる。

5-3 「水俣病」の改称をめぐって

「水俣病」の呼び名とともに確立した概念がいかに曖昧（多義的）であろうと、まさにそのようなものとして〈水俣病〉は確立する。医学、政治、司法等々、それぞれの場面に応じて呼び名が果たしている役割と取扱いは一様ではない。その呼び名はもともと「それ」が何であるかわからない段階で与えられたものであり、原因にも所見にも関係がない。最も単純素朴で一貫した説明は「（世界で初めて）水俣で起きたから水俣病と呼ばれる」というものである。原因物質にも発生機序にも関係なく一九五〇年代から現在まで選び取られてきた呼び名は、その一言で説明できるし、その一言でしか説明できない。「新潟水俣病」や「第三水俣病」は水俣を経由して参照される。

水俣市民は一九六八年の「公害認定」に際し「原因が明らかになった以上、医学的な病名に変更するよう」要求した。これは原因不明の疾患とされてきた〈水俣病〉に対して、原因が明らかになった疾患として別の名付けを求めるものである。それから三年後、一九七一年一〇月に川本輝夫らによる自主交渉闘争が始まると、同時期に二つの市民グループが「水俣病問題解決を求める署名運動」を開始する。これが「水俣病」の病名変更を要求に含んだ最初の署名運動である(14)。この両グループが合流して翌一一月に発足した「水俣を明るくする市民連絡協議会」も、結成大会である「水俣を明るくする市民大会」(一一月一四日)において「水俣病」の病名変更に言及した(15)。一九七二年二月には水俣市漁協が漁民大会で病名変更を決議している。「第三水俣病パニック」で水俣市が風評被害を受けた一九七三年八月には、病名変更とヘドロ処理を求める署名運動が水俣市の行政機構を通じて実施されている。この一九七三年の夏が病名変更運動のピークであった。

水俣市による一九七三年の署名・陳情活動の経過は「市報みなまた」で追うことができる。第三七一号(一九七三年七月一日号)には「『水俣病』病名変更を全市民の署名運動へ」「『水俣病』の病名変更に広く市民の意見を」という見出しが並ぶ。第三七三号(一九七三年八月一日・一五日合併号)でも引き続き「『水俣病』病名の改称を」「全市民あげて、署名に参加しよう!!」と呼び掛け、「『水俣病』病名改称 これまでの運動経過」として一九七一年一〇月の署名運動以降の経過も記されている。第三七五号(一九七三年九月一五日号)には「有権者の七二パーセントが署名 水俣病病名改称運動」として、有権者数二五二九〇人に対し一八二五一人(七二・一七パーセント)が署名したとの報告がある。また、第三七七号(一九七三年一〇月一五日号)には「水俣病病名改称など 環境庁、各医学会へ陳情」という見出しで陳情報告が掲載されるとともに、九月一〇日から実施された「水俣病病名のため市民が受けた被害調査」のアンケート結果が紹介されている(16)。

この一九七三年には四月から九月にかけての半年間に、衆議院・参議院の公害対策並びに環境保全特別委員会等において七回の質疑応答を確認できる。病名変更を促す質問が議員からも出ているが、それに対する答弁には、病名変更に否定的な国の姿勢が現れている。衆議院公害対策並びに環境保全特別委員会で岡本富夫〈公明、兵庫二区〉から病名変更について考えを問われた環境庁長官・三木武夫は、以下のように回答している。

水俣病の名前を使うなということで、学術的な病名を使うように研究するとお答えをしましたが、これは学問的な用語ですから、学者とも相談をするということをつけ加えさせていただかないと、何か水俣病という一つの病気の俗称でなくして、病気として水俣病ということになっておるようです。

（第七一回国会 衆議院公害対策並びに環境保全特別委員会　会議録第二九号　一九七三年六月二一日）

三木は〈水俣病〉を「俗称でなく」「学問的な用語」だという。この捉え方は環境庁の回答に共通して現れる。「広く認められた学問的な用語であるから、専門家の意見を聞きながら慎重に検討したい（容易に変更はできない）」というのが、定型的な回答である。翌週の同委員会では、船後正道・環境庁企画調整局長が以下のように述べている。

水俣病という病名は、三〇年の初期に患者が発見されまして以来、医学界においても用いられておりまして、現在ではわが国の学界はもとより、国際学界におきましても広く認められておる名称でございます。したがいまして、公害に係る健康被害の救済に関する特別措置法の施行令におきましても、指定疾病として水俣病といたしておるのでございますが、この病名を変更するにつきましては、以上申しましたように学術用語との関連もございますので、医学専門家の意見を聞いて、なお慎重に検討を進めてまいりたいと思っております。

（第七一回国会 衆議院公害対策並びに環境保全特別委員会　会議録第三二号　一九七三年六月二七日）

〈水俣病〉から「水俣」の文字を外すことを求める病名変更運動は、いずれも省庁や医学会への陳情という形を取った。一九六九年に国が「政令におり込む病名」として検討し採用したという経緯に照らせば、病名変更の訴えが国や医学会へ向かうのは当然である。

熊本県は、病名の変更に終始無関心だったわけではない。沢田一精は熊本県知事時代に環境庁長官に宛てた要望書の中で、患者救済、ヘドロ処理、「水俣病治療研究センター（仮称）」の設置に続いて、病名変更を以下のように要請している。

病名の変更については、かねて要望しているところであるが、水俣病という病名のため、水俣市にかかわるあらゆる面のイメージを著しく暗いものにし、市民の結婚、就職等の障害となったり、水俣市の産物が市場において不当に差別を受けたりする現状にある。

公害健康被害補償法政令制定に際し、水俣病という病名の変更について、御配慮願いたい。

（熊本県知事　沢田一精「水俣病対策に関する要望書」一九七四年七月）

この陳情に限らず、病名変更要求の理由は「差別」にある。入口は「水俣病」を「偏見と峻別の意図を含んだ差別用語である」（入口 二〇一六：一三八）と指摘する。差別とは、関係であって言葉の属性ではない。

発話者が「差別的な言葉」を並べることによって成立するのではなく、発話者が並べた言葉を受け手が「差別的な文脈」で理解することによって成立する。一方、「呼ばない」ことも差別でありうる。一九九九年五月に放送されたバラエティー番組が、料理に使用するサラダタマネギの産地を「水俣市」を外して字名だけの「熊本県袋神川」と紹介した。これについて同年六月一六日の熊本日日新聞は、吉井正澄水俣市長(当時)が市議会定例会での質問に対し、番組制作者の姿勢について「悪意ではないにしても差別があった」と答弁したと報じている(17)。このように、「水俣隠し」もまた「偏見と峻別の意図」を可視化する。

「水俣病」が差別的であるような場の関係を、どのようにして超えられるだろうか(18)。病名変更運動が目指したものは水俣への差別の解消であった。では、公害病の呼び名から地名を削除することで地域への偏見がなくなるかといえば、他の事例から類推してそれは見込めない。宮崎県で口蹄疫が発生したときに、新聞記者が以下のエピソードを紹介している。

彼女はショックを受けていた。知人がいる少年野球チームが遠征で福岡へ向かう途中、高速道路の休憩所で車に水を掛けられたという。「宮崎ナンバーや、口蹄疫がうつるぞ」などと言われて。

(酒匂「ひとこと」『西日本新聞』朝刊、二〇一〇年五月二一日)

病名や事件名に地名が付いていなくても、悪意は如何様にも現れる。しかし、公害病が水俣の名で呼ばれることがもたらす苦痛は、公害病の呼び名を変えることによってしか解消されない。名を変えただけで問題の全部が解決するとは見込めないが、名を変えることによって問題の一部は解決が見込まれる。これに対して「病名を変えても問題は解決しない」というとき、その「問題」からは、名を変えることによって解決可能な問題が除外されている。そこではむしろ、名を変えること自体が問題視されている。もとより問題は単一の事象ではない。谷川健一が「『水俣病の水俣です』と自分の出身地を紹介するときの苦痛は水俣に生まれ育った者でなければ分からない」（谷川健一「水俣再生の夢」『西日本新聞』朝刊、二〇〇四年七月四日）と書いたように、この思いは水俣の外には浸透しない。

一方で、「水俣に生まれ育った者」は訴訟や自主交渉など「水俣病闘争」の担い手でもあった。これらの人々にとって「水俣病」の改称は別の意味を持つ。一九七二年三月には訴訟派家族・自主交渉派家族・市民会議の各代表（渡辺栄蔵、川本輝夫、日吉フミコ）が連名で病名変更反対の陳情（19）を行っており、その陳情書には次のように記されている。

もともとこの病名変更の運動を行っている人たちは過去二〇年近い年月の中で水俣病患者家族の苦しみに対して一顧だにしなかった人たちが大多数を占めています。この病名変更運動の核となっている人たちは水俣病患者家族に対し冷淡であったというよりむしろ企業サイドに立って患者家族を孤立に追い込んで来た人たちであります。病名を変更したからといって現実に生きる患者家族の肉体的、精神的苦痛はいささかも減じられるものではありません。
さらにこの運動の背后にチッソ会社が存在することから考えますと病名変更運動の意図するところは、水俣病に対する責任の所在をぼかし患者家族を再び孤立無縁の状態に落し入れようとする策謀の一端であることは明らかです。

水俣病という病名は水俣病患者家族を犠牲にしてわたしたち人類に加えられた許しがたい原罪の象徴としての名前であります。私たち日本国民はこの十字架を水俣病患者家族とともに背負って生きぬく覚悟がなくして、どうして今后の公害を撲滅することができましょう。

（渡辺栄蔵、川本輝夫、日吉フミコ「陳情書 水俣病の病名は変更しないで下さい」一九七二年三月五日）

陳情書に「患者家族を再び孤立無縁の状態に落し入れようとする策謀の一端」とあるように、患者・支援者側には病名変更運動の担い手が「患者家族を孤立に追い込んで来た人たち」であることへの不信感が強い(20)。「病名変更を訴える人々」と「患者家族を孤立に追い込む人々」は同一視されており、「病名変更を訴えること」が「患者家族を孤立に追い込むこと」に読み替えられていく。変更要求に「策謀」を見出すことを通じて、「水俣病」に「許しがたい原罪の象徴としての名前」という意味が付与されている。

「水俣病」という呼び名をめぐって水俣市内に生じた対立を単純化すれば、「水俣病患者」として公害被害（肉体的・精神的苦痛）からの尊厳回復を目指す人々およびその支援者と、故郷を「水俣病の水俣」と見られることにより傷つく人々との、相容れない葛藤だということができる。一方には被害者である証、闘争の旗印である「水俣病」が、もう一方には外部からの「いわれなき仕打ち」を呼び込む扉となる。しかし水俣市民はそのどちらか一方の極に常に留まるわけではなく、前述のような二項対立図式は多様な現実を反映しない。個人の意識は特定の属性に固定されてはおらず、様々な関わりを通して変化しうるものである(21)。それゆえ個人の内面においても「水俣病」は両義的であり続ける。

5-4 〈水俣病〉を名付け直すことができるのは誰か

「水俣病」を病名と呼ぶとき、「水俣病」は「病」の名である。水俣病第一次訴訟の熊本地裁判決にも、「原告ら被害者が受けた被害は、単に水俣病という病に罹患したことによる精神的肉体的苦痛に止まるものではない」（水俣病被害者・弁護団全国連絡会議編 一九九八：八八）とある。では、メチル水銀中毒になることは「病に罹患する」という経験なのだろうか。川本輝夫が〈水俣病〉を「病気ではなく傷害事件である」と指摘したことは先にも触れた。メチル水銀中毒と捉えるなら、一九五六年以前に医学上の知見が得られており、一九五〇年一〇月にはチッソ社内でも工場技術部酢酸試験室により有機水銀化合物の生成が把握されていた(22)ことなどから、傷害事件としての側面が前景化する。しかし「原因不明の病気」として「公式確認」を起点に参照し続けるなら、それはメチル水銀による傷害事件とは異なる表象であり続ける。

なんのなおろうかいなあ。水俣病じゃもね。こういう病気じゃもね。いくら神さんでも知っとりなるもんけ。知っとりなさるはずはなか、世界ではじめての病気ちゅうもね。昔の神さんじゃもね。昔は、ありえん病気だったもね。
（石牟礼 一九七二：一七〇）

前記の引用中の「水俣病」を「メチル水銀中毒」に置き換え、「世界ではじめての」を「幕末に外国で報告された」に置き換えたときに生じる違和感が、〈水俣病〉の独自性を示している。前述の第一次訴訟熊本地裁判決には、「水俣病のまえに水俣病はなく、その原因究明、治療方法の発見のためには長年月の研究を要したが、その陰で患者家族らは地域住民から奇病、伝染病といわれ、いわれのない迫害を受けて苦しまなければならなかった」（水俣病被害者・弁護団全国連絡会議編　一九九八：八八）ともある。こうした記述が表しているように、〈水俣病〉は、受け入れがたい理不尽な出来事を「前例のない特別な病」に由来することとして受け入れるための（あるいは受け入れさせるための）説明様式でもある。

「水俣湾と不知火海（八代海）沿岸地域におけるメチル水銀中毒」は半世紀以上にわたって〈水俣病〉として経験されてきた。その〈水俣病〉の患者運動に身を置く者にとって、「水俣病」は経験と記憶の呼び名であり拠り所であり旗印である。病像を狭く捉える認定審査会の医師らが正当性を与えた病名であっても、それとは異なる文脈で必要とされる呼び名である。患者・支援者は、「市民有志」による病名変更要求を「チッソ擁護・患者抑圧」の一環として批判した。

では、〈水俣病〉の患者運動の中からは、呼び名への問いは生まれなかったか。水俣病患者連盟は一九八一年八月一日の臨時総会で〈水俣病〉を「チッソ水俣病」と呼ぶことを決議し、「チッソ水俣病患者連盟」に改称した。これは一橋出版が高校社会科教科書に引用した石牟礼道子の文章（「天の魚」の一部）から、教科書検定によって〈水俣病〉の原因企業「チッソ」の名前が削除されたことへの抗議措置であった。以後、関西訴訟原告団も「チッソ水俣病」を用いている。これは「水俣病」に「チッソ」の名を加え、「水俣病」と共に「チッソ」にも視線を誘導することを明確に意図した改称であった。そうした意味では、病名の改称というよりも、事件名の改称という方が的を射ているかもしれない。それは〈水俣病〉から「水俣」を外そうとする改称とは性格が異なるが、名付けという行為について示唆に富む（23）。

この「チッソ水俣病」への言い換えにあたって、「命名権が誰にあるのか」という議論はない。申し合わせてその名で呼ぶだけである。権威ある専門家に改称を要請するのではなく、「自分たちが使うべき呼称を自分たちで決める」という行為が選択されている。つまり、命名権が与えられたからそれを行使できたのではなく、名付けるという実践から遡って命名権が獲得されている。

名付けることは、名付けられるものに対して自らを主体として立ち上げる行為である。「チッソ水俣病患者連盟」の決議は、異議中立の当事者が自ら「名付ける主体」、「状況を定義する主体」となることの実践であった(24)。「チッソ水俣病」は世間一般での呼び名として「水俣病」に置き換わるものではなかったが、その名付けは、「水俣病」を見出してきた眼差しを反転する可能性をも示唆している。

5-5 〈水俣病〉の「正しい理解」とは

二〇一九年三月に「メチル水銀中毒症へ病名改正を求める水俣市民の会」が国道沿いに看板を設置したことを契機として、水俣の葛藤があらためて顕在化した。一九六八年の「公害認定」から半世紀を経ても、そして一九九〇年代後半以降に「もやい直し」の気運の高まりを経ても、この葛藤と対立の構造は変わらない(25)。しかし、この葛藤と対立は「水俣病」に由来するがゆえに水俣の外部には切実な問題ではなく、水俣の内側に閉ざされてきた。そもそも水俣に〈水俣病〉を見出してきたのは水俣の外部である。水俣外部からの圧倒的多数の眼差しが〈水俣病〉をつくり出し、その眼差しの両義性が水俣市民に葛藤と対立をもたらしている。

なぜ今の若者が水俣出身を名乗る際に逡巡しなくてはならないのか。その問いに対する公的な回答は、「その逡巡を乗り越えるために、水俣病を正しく学ばなくてはならない」というものだ。水俣市は「病気への正しい知識をつけることで、差別、偏見のない社会につなげよう」(『西日本新聞』熊本版、二〇一九年九月二四日)と、小学生を新潟との交流事業に送り出す。では、水俣病の「正しい理解」についての合意は、どこにどのようにして成立するのか。呼び名をめぐる葛藤は、この「正しい理解」のあり方をめぐる葛藤でもある。「水俣病を正しく理解する」ということが「水俣病はメチル水銀中毒であることを理解する」ことであるなら、風土病との誤解を与えかねない「水俣病」という呼び名を「メチル水銀中毒」に置き換えることを「正しい理解」の一助と考えるのは理にかなっている。しかし「メチル水銀中毒」という呼び名によって〈水俣病〉を表現し尽くすことはできない。「一九三二年から一九六八年にかけてチッソ株式会社水俣工場が水俣湾に流した工場廃水により生じたメチル水銀中毒」の上に、情念をも余さず包摂して、〈水俣病〉という物語が紡がれている。川本輝夫らは加害責任を強調するべく「チッソ水俣病」と呼んだが、それは文字通り〈水俣病〉の一つの側面を強調したのであって、〈水俣病〉と置き換わるものではない。

「水俣病」という呼び名は「工場排水中のメチル水銀によって起きた健康被害を余すところなく表現するには狭すぎる」（富樫 二〇一七：一二）が、翻って「メチル水銀中毒」という呼び名は「高度経済成長の代償である未曾有の悲劇と闘争の記憶、そして再生への祈り」を喚起するには広すぎるのである。

6　結び――〈水俣病〉が像を結ぶところ

〈水俣病〉は鏡に例えられることがある。〈水俣病〉という鏡に映すことによって、日常が別の姿を見せる。

そこに発見がある。同じように、〈水俣病〉を覗き込んでいる自分の姿を鏡に映すと、そこにはなにが見えてくるだろうか。その鏡となるものは何であろうか。

星空は「ものの見方」を論じる上で格好の素材である。高峰は「想像力」の必要性に触れて、次のように記す。

そのためにまず必要なのは水俣で起きたことを知ること、そしてその上に立った想像力ではないか。人は夜空の星に想像の線を引いて、星座を誕生させた。夜空ではなく、私たちのこれまでの歴史を踏まえ未来への確かな線を何本か引けないか。（高峰編 二〇一八：七）

「読み解く」というのは、そういうことだ。夜空の星を任意に結んで星座を描くように、人は任意のエピソードを選択してストーリーを紡ぐ。星座に描かれた神々や動物や道具が物語を織りなすのと同様、メディアはプラネタリウムのように物語を映してみせる（〈水俣病〉は主に「悲劇」として）。しかし、次のようにも言える。

北斗七星は、しかしながら、視力が、ある程度悪い人にだけ見える星座である。もう少しだけ解像力のよい眼をもつ人が見れば、北斗七星の、柄の真ん中の星はひとつではなく、二つの星であることが見える。ミザールとアルコル。

そしてさらにもっと眼のよい人が見れば？　イームズたちが表現したように、パワーズ・オブ・テン（一〇のｎ乗）のベキ数を上げて、夜空をより広く、より明るく見渡したとすれば。意外なことに、北斗七星は徐々にその形を溶かしていく。いままで見えていなかった、北斗七星のまわりの星々がひとつ、またひとつと輝きを増して見えてくると、ひしゃくの形は、あふれ来る光の洪水の中に埋もれて、もはや形をなさない。

（福岡 二〇〇九：二六九―二七〇）

水俣の日常に入れば入るほど、メディアに映っていた〈水俣病〉は捉えどころがなくなり、不可視となる。水俣の日常の中から〈水俣病〉を部分として切り出すことは難しい。では、なにを見てなにを見なければ〈水俣病〉が浮かび上がるか。そこに浮かび上がる〈水俣病〉とは、誰によって枠取りされたものなのか。「〈水俣病〉が像を結ぶのに最適な解像度は」という問いは、現実の中に地図を探すことであり、地図に描かれない現実を探すことである。それはメディアと現地との往還である。

7 資料

水俣市議会及び国会の会議録より、「水俣病」という呼び名に関連する質疑応答を抜粋して示す。

7-1 「水俣病」病名変更に関する水俣市議会会議録（抜粋）

（1） 昭和三三年第六回水俣市議会定例会会議録（抄）

一九五八年一二月一九日

（松永直）「本件、昨日文教厚生委員会において審議する際におきまして、この水俣病という名前について委員会の席上でいろいろと審議が行われたのでございます。水俣病というと観光面あるいはその他の面において、何らかこう悪い影響を与えるんじゃなかろうかということが考えられるので、水俣病を何か適当な名前に改めたらどうかと、そういうことで一応執行部の方で、この案件を御検討願いたいというような委員間の意見があったのでございますので、ここに委員会の意見を申し述べて御考慮を願いたいと思います」

（大橋登・水俣市立病院長）「ちょっと院長から水俣病という名前がついたことについてお話し申し上げますが、これはいつだったか、私はっきり記憶しませんし、またはっきりした通知がまあ厚生省とか、あるいは大学の方から通知があって水俣病というふうにきまったかどうかもよく私記憶いたしませんですが、いずれにしろ病名をどうするかという問題がいろいろあったことは事実であります。で私もそういう意見が、を聞きまして、私としても特別の意見がなかったもんですから、私としてはこうしたらいいだろうというようなことは申し上げませんでしたですが、芦北病にした方がいいか、あるいは水俣病にすべきか、あるいはこれ最初発見されたというわけではありませんが、最初患者を取扱われたのが日窒の細川先生で、特に細川先生熱心にされたもんですから、細川氏病とされたらどうかというような話しもありまして、結局はいつまでも奇病々々ではどうもおかしいと、奇病というのはどうもおかしいからというような話しがありまして、結局は水俣病に落ちついたんだろうと思います。でこれを変えると、水俣病じゃどうも都合が悪いから変えてくれというようなことをまあこっちの執行部からでも申し出されたら、あるいは変わるんじゃないかという気もするんでございますが、何しろ御承知のように水俣病が発生しまして、水俣市の名前が有名になったような感じも私たちが会議に行きますと、ミナマタと言わぬで、ミズマタ、ミズマタと言っておったのが、水俣病が発生してから、みんなミナマタというような発言をするぐらいに非常に有名になりましたし、今から変えても実質的にはやはり水俣病と言うじゃなかろうか、という気もいたします。でその当時のことが私もよく記憶いたしませんので、またいつかの機会にまあ大学の先生、あるいは保健所長あたりとよく話し合ってみたいと思っております。まあそういう実情でございますので、一言申し上げときます」

（松本雄象）「ただいま病院長のお話しによりまして、よくわかりましたんですが、私たち一番この痛切に感じますのは、特に私たち魚関係をやっておりますものが、特に水俣と名前がついております関係で、他県に出荷いたしました場合、すぐに名前をとりまして、非常にこの魚の売買に影響するものが非常に大きいわけです。名前に水俣とついとりますばっかりで、知らぬ業者でもすぐ水俣の魚はそういう工合で、水俣のトラックから魚をもってよそに出荷します場合は、魚をおろしますと、そのトラックはすぐかくしてしまうと、そういうふうな状態になっておる現在であります。でこの点につきましては、特に市の執行部の方でも御考慮いただきまして、改名方を特に御願い申し上げたいと、こう思っております」

（2）昭和四七年第一回水俣市議会定例会会議録（抄）

一九七二年三月一四日

（淵上末記）「（略）第三点は病名変更の件でございます。昨年の一二月「水俣を明るくする会」から提案され、この病名変更につきましては審議会はそれを採択をしております。さきに魚が売れない、困っておるという意味から、漁民大会を開いて病名変更を決議し、新聞紙上によりますと、政府にそれを要請をしておるようであります。また市民からも変えてもらいたいというふうな世論が高まりつつありますが、私はこの病名の原因がはっきりわかった場合におきましては、市名をつけてこの病名にするということの非常に例は少ないものと思うのであります。そういう意味からしてです、将来の水俣市民のためにも、また水俣をほんとうに明るくしていくためにも、この悪いイメージをこの際変える必要はないかと思うのでありますがです、聞くところによりますと、政府でも統一見解ができずに非常に困っておるというふうなことで、難問題とは思いますけれども、これに対する市長の御所見を承りたいと思うのであります。（略）」

（浮池正基・水俣市長）「（略）病名変更でございますけれども、病名変更につきましては、一部異論もあるようでございますけれども、大多数の水俣市民の要望は、やはり「水俣病」という病名を変更してもらいたいというのが、一般の情勢ではないかと、私はこのように受け取っております。確かに「水俣病」というために、水俣市が非常にイメージが悪くなったということは事実でございます。いろんな障害がそのために起こっていることも、先刻御承知のとおりでございますけれども、この病名変更については、市長といたしましては、やはり病名変更をしてもらいたいというのが私の考えでございます。理由はやはりイメージの点と、それから確かに病名として地方名をつけてあるのはあまりないようでございます。やはり病名としましては、この間、大石長官にも、私東京で申し上げたわけでございますけれども、われわれ医者といたしましては、やはり症状名、症状による病名、あるいは原因による細菌とか、何とか、原因による病名、それから発見者の名前をつけた病名、これがあたりまえでございまして、すでに病因がはっきりした以上は、判然としました以上は、やはりそれによる普通の一般にわれわれは考えている病名をつけてもらいたい、地方名をつけるのは、風土病以外ではちょっとおかしいじゃないかというようなことを、大石長官に申し上げましたところ、長官もなるほどそうだと、そういうことは例はあまりないようだなあと、こう私におっしゃいました。これは東京での話でございますけれども、まあそういう意味からいたしましても、以上二つの意味からいたしましても、病名変更はひとつぜひお願いいたしたい、このように考えております。（略）」

7-2 阿賀野川水銀中毒の名称に関する国会会議録（抜粋）

（1）第五九回国会衆議院 産業公害対策特別委員会議録

（会議録第五号）（抄）

一九六八年一一月七日

（石田宥全・社会党、新潟二）「（略）阿賀野川の中毒事件をなぜ水俣病と呼ばなかったか。御承知のように、阿賀野川に患者が発生して以来、また厚生省三研究班の結論が出て以来、第二の水俣病という呼び方は国民共通の呼び名になっておるわけです。しかも熊本における水俣病も、阿賀野川の場合も、その発生機序、プロセスといいますか、これは同様なんです。同時に水俣病というものは、すでに国際的に大きな問題になっておりまして、病理学的に一つの学名になっておる。疫学班は、阿賀野川事件を第二の水俣病と言うべきであると、ちゃんと書いておる。こういうものをなぜ水俣病と呼ばなかったのか。（略）」

（高橋正春・科学技術庁科学審議官）「私から補足して御説明を申し上げますが、まず最初に、なぜ水俣病という名称を使わなかったか。これにつきましては、私自身が適当な定義づけをすることはできませんが、従来の文献によりまして、水俣病とはいかなるものをいうかという定義づけにつきまして検討いたしたわけでございます。私どもが目を通しましたのは、しばしば先生のお使いになっております「水俣病」――四一年の三月の、熊本大学の研究班でまとめたものでございますが、この中におきまして、私が見ました範囲では七つほどの記載がございますけれども、すべて違っております。最初は、これは原因不明で水俣地区に発生したものを水俣病と仮称する、これが最初の定義なんです。その後にいろいろな形が出ましたが、私もこまかくページまで書いてございますが、これは省きますけれども、要は、ここに書いてございますのは、発生するところの地域を限定しておる。要するに、熊本県の水俣地区に起こった有機水銀によるところの慢性の中枢神経系の疾患をいうということでございます。要するに地域を限定しておる。特殊な地理的な条件のもとに発生したものであるというのが、この本の全体の最終の結論でございます。したがいまして、これは水俣地区に発生したもののみを水俣病というのがこの本の趣旨でございます。

時期的に申しましてこの次に出てまいりましたのが四二年の二月の、先生のおっしゃっておいでになりますのは、喜田村教授の日本医師会雑誌に御発表になったものと思いますが、これが違いますのは、水俣病というのは単なる水俣地区のものだけではない——非常に簡単に申し上げますと、要するに有機水銀中毒によるところの神経系の疾患である。したがいまして、新潟地区もそうである。新潟におきますものも水俣病だと書いてある。さらに私どもが一番時期的にもとらなければならぬ——この中でも、先ほど先生のおっしゃいました研究班の報告の四三二ページの、水俣病とはという解釈ですが、これと喜田村教授と違いますのは、これには地域の特殊性はうたっておりませんけれども、喜田村教授のおっしゃっておるのは、汚染源が工場排水によるものであるという一つの条件づけが入っておるわけでございます。これに対しまして、研究班の報告は、工場排水によるという条件は付してございません。そのようにいたしまして、私どもが学術的な論文を全部調べますると、水俣病という定義づけはどれが一番正しいのか、これが時期的に申しますと、研究班と同じだと思いますけれども、したがいまして、川が汚染されまして、それが魚に蓄積し、それを多食したために起こるところの慢性の水銀中毒である、そういうような定義づけをいたしますれば、今回も水俣病と思いますけれども、いま申しました定義が非常に明らかでございませんので、私どもは、この段階では、水俣病ということばを使うということを避けたわけでございます。以上でございます」

7-3 「水俣病」病名変更に関する国会会議録（抜粋）

（1）第七一回国会 衆議院公害対策並びに環境保全特別委員会

（会議録第一三号）（抄）

一九七三年四月一一日

（岡本富夫・公明、兵庫二）「（略）それから市長さんにもう一つ、水俣病といいますけれども、水俣市だけでなくて、これは阿賀野川、新潟県にもあるわけです。しかも水俣病といわれると非常に名称が悪い。だから、水俣市から出たら、もうあれは水俣病かわからぬというので結婚にも非常に差しつかえるというわけで、これは原因が水銀中毒であれば水銀中毒病。イタイイタイ病というのもこれもおかしな話でありますが、これはカドミ中毒病です。こういうように特にあなたの方では水俣病というのをやめていただきたい、こういうような市民の声がありましたが、それに対するあなたの考え方。（略）」

（浮池正基・水俣市長）「第一の問題、認定された患者すべて水俣病でございます。

第二、水俣病を医学的な水銀中毒症という名前に変えてもらいたいという市民の声があることは事実でございます。私もそれを希望いたしております」

（2）第七一回国会 衆議院公害対策並びに環境保全特別委員会
（会議録第二九号）（抄）

一九七三年六月二一日
（岡本富夫・公明、兵庫二）「もう一つ長官にお聞きしておきたいのですけれども、これも長官に陳情があったかと思いますけれども、水俣病という病名を何とかひとつ変更してもらいたいというのが強い希望でありましたが、この点についてのお答えをひとついただきたい」

（三木武夫・環境庁長官）「この水俣病というのは世界的にも有名になっておるわけですから、したがって、これを水銀中毒症というのですか、何か、しかし実際は一般の人の中に水俣病ということで国民の頭の中にも入っている、世界的にも有名になっておるから、なかなかすぐに名前を変えたといっても水俣病というような呼び方が変わるかどうかということは、岡本委員、私は問題だと思うのですよ。しかし、いろいろ言う場合に病名で言うようにするということは、そういう病名で言うようなことがいいのかもしれませんけれども、この国会でもみな水俣ですから、岡本委員をはじめみな水俣病、水俣病と、こう言っているわけですから、これを何か切りかえるということは、実際問題としてなかなかむずかしい問題があるかと思いますが、地元の人がそういうことを言う気持ちもわからぬでもありませんが、できるだけ公式の文書などに対しては病名で言うようにいたしましょう」

（略）

（三木）「岡本委員の御質問の中で、水俣病の名前を使うなということで、学術的な病名を使うように研究するとお答えをしましたが、これは学問的な用語ですから、学者とも相談をするということをつけ加えさせていただかないと、何か水俣病という一つの病気の俗称でなくして、病気として水俣病ということになっておるようです。これは学者というか専門家の意見も徴して、いろいろのご希望もございますから研究する。そう補足させていただかないと、変えると言ったじゃないかといって、私も水俣病ということばを使うかも知れませんから、そういうことでこれをつけ加えさせていただきます」

（3）第七一回国会 衆議院公害対策並びに環境保全特別委員会
（会議録第三二号）（抄）
一九七三年六月二七日
（船後正道・環境庁企画調整局長）「（略）第一二項目は、水俣病の病名変更でございます。水俣病という病名は、三〇年の初期に患者が発見されまして以来、医学界においても用いられておりまして、現在ではわが国の学界はもとより、国際学界におきましても広く認められておる名称でございます。したがいまして、公害に係る健康被害の救済に関する特別措置法の施行令におきましても、指定疾病として水俣病といたしておるのでございますが、この病名を変更するにつきましては、以上申しましたように学術用語との関連もございますので、医学専門家の意見を聞いて、なお慎重に検討を進めてまいりたいと思っております。（略）」

（4）第七一回国会 衆議院公害対策並びに環境保全特別委員会
（会議録第三三号）（抄）
一九七三年六月二八日

（三木武夫・環境庁長官）「（略）隠れた場合というのはかえって人権がなかなか守られないんじゃないかということで、先般もこの委員会で水俣病という名前を変えたらどうだ、こういうことがありましたけれども、やはり学問的なことばでありますから、名前を変えたからといって解決する問題でもありません。だから、今後はやはりそういう水俣病が再び発生するような原因をつくらないようにする。いま現に被害を受けておる人たちに対してはできるだけの、いまの時代で医学にも限界がありますけれども、最大限にそういう人たちの、患者の苦痛を軽減するための努力をするということでこの問題の処置をしていくことが人権を守る道だとわれわれは考えて、努力をいたしておる次第でございます」

（5）第七一回国会 参議院農林水産委員会

（会議録第二一号）（抄）

一九七三年七月六日

（園田清充・自民、熊本）「（略）それから、やはりこれは環境庁だと思いますけれども、事前にひとつ大臣とも相談しておいてほしいということを注文つけておきましたが、やろうと思えば簡単なことだと思うのです。これは衆議院の三木大臣に対する質問で、大臣から、政府だけでは決めかねると言われた問題です。学界の用語になっているということで、実は水俣病という病名を変更してほしいということなんです。これは、特に原点である水俣。（略）そこで、衆議院における三木長官の御答弁では、これはもう世界の学術用語ということになっているので、なかなか変更は困難だということの御答弁があっているようでございますけれども、しかし、日本政府自体がこの病名をあすからこう変えるということを決意しておやりになれば、私は何も難しい問題じゃないと思う。学界が、日本の政府がこう言ったから変えます、ということで、ついてくればそれでいいことだ。で、学界が、日本の政府の決めた病名を使うようにする、これはマスコミあたりだけでもけっこうです、私は。政府が決めた病名を使っていただくことができるなら、それだけでも熊本県民というのは非常に救われる。（略）それで、病名の変更は、政府の責任において、すみやかにいたしますという、実はきょうは答弁がほしいんです。私も皆さんと一緒に歩いて、そうして各地で、知事からも、現地の市長からも、あるいは議会の代表からも、水俣病という病名をひとつ変えてほしいということを強く実は要請を受けてまいっておる問題でございますので、ひとつ御答弁を願いたいと思います」

（山本宜正・環境庁企画調整局公害保健課長）「私ども、いまのお尋ねにつきましては、上の方とも御相談をしてお答えをするわけでございますが、先般、私どもの長官が、衆議院でお答えしたと全く同様に、これは御承知のように、熊本大学が研究をされた結果として「水俣病」という病名をつけまして医学界に発表した。したがいまして、わが国の学界におきましてもまた、国際学界におきましても、いまこの名前が使われているわけでありまして、学会の場におけるこの病名の変更ということにつきましては、私ども行政が介入することはたいへんむずかしい。かように私は思うわけでございます。しかしながら、地元の市長そのほかから、この問題につきましてはたいへん強い要望があると私どもも承っております。

この問題につきまして行政の立場でできますことは、現在の健康被害の救済に関する特別措置法の中の政令の中で使用していることばでございますが、この使用していることばについてのこれを改める、こういった方向につきましては、ひとつ専門の先生方とも意見を交換いたしまして、してまいるというようなことを考えてまいりたい、かように存じております」

（園田）「あなたがおっしゃっていらっしゃることが、少し長官の答弁よりも、ぼくは前回より前向きになってきたような気がする。しかし、いまおっしゃっていることが、病名の変更というのは、学界、学界と。それなら、三木長官がこの前ああした答弁をなさって、学界とも相談をしてみるということだが、いまあなたも相談をしてみると、これでは一つも前進していないんだ。これはことばのあやだけだ。だから、もしあなたたちにほんとうに熊本県民の苦悩がわかるならば、三木長官の答弁を受けて、すぐあなたたちは、学界とこうした協議に入らなければならないはずだ。（略）」

（辻一彦・社会、福井）「ちょっと関連して。いまので私も、先日、この調査団の一員として行きまして、熊本県、それから水俣市、宇土、大牟田、長崎等、各地で非常に切実な声を聞きました、この問題について。たとえば第一〇の水俣病も出かねないという今日の状況の中で、いつまでもこの業を水俣の市民が負わなくてはならないのか。いままで、訴訟問題が解決するまでは、がまんをしておったが、裁判がはっきりした以上は、これはぜひとも変えてほしいと、こういう非常に強い声がありました。

（略）こういうことが現実に起こっているということを見れば、いままで長い間この水俣病の名に苦しみ、さらにこれから長い間この業を背負って立つ水俣市民、あるいは九州あの関係、有明湾一帯の人たちのことを考えると、私は、いま園田委員の御質問のように、ぜひこれは人権上の問題として考えるべき問題だと、このように思います。環境庁いかがですか」

（山本）「私も、市長はじめいろいろの方々から同様なことを聞いておりまして、いまほどお答えしましたように、学術用語としての変更につきましては、これは学界の問題でして、できませんのですが、現在、私どもの特別措置法で、政令に使っていることばの変更ということにつきましては、ひとつやってまいりたい、こういうことでございます。先ほどおしかりを受けましたが、即刻この変更の問題につきまして、上とも相談をしてまいりたい、かように存じます」

（6）第七一回国会 参議院公害対策並びに環境保全特別委員会

（会議録第一三号）（抄）

一九七三年八月二九日

（杉原一雄）「（略）地元の人々の最も強い要望の一つに、病名変更の問題があります。「ミナマタ」という地域の名が病気の名についているために、単に水俣出身者ということだけで結婚を断られ、就職を拒否され、あるいはまた下宿を追い出されるなどの例もある。いかに学界や行政上の障害があったとしても、水俣の人々にとっては自分から災いを招いたものではないにもかかわらず、さらにその上にこのような扱いを受けるということはとても耐えられないことである。一刻も早く「ミナマタ」という名を病名からとってもらいたい。これが水俣住民の悲願であります。（略）」

（略）

（小平芳平・公明、全国）「（略）そこで次に、先ほどの報告にもありましたが、水俣病という病名を変更してほしい、新潟県で起きた病気に水俣病という名前をつける、今度はどこかで起きた病気は第四の水俣病だ、別の県で起きたから第五の水俣病だ、こんなことはおかしいじゃないですか。地元の方々としては、先ほどありましたように、結婚が破談になるとか、下宿を断わられるとか、就職がうまくいかなかったとかいうことが、起きているということ、そういう点は十分もう御承知のはずですから、病名変更についてはまた昨年の国会にも請願が出たことでもありますので、どうなりましたか」

（城戸謙次・環境庁企画調整局長）「病名の問題につきましては、前からいろいろ御意見ございまして、一方では病名を変えてくれという、いま先生の御指摘のような点もございます。ただ他方で、水俣病という名前を変えることについては、水俣病問題の重大さということを背後に隠してしまうということで適当でないという御指摘もあったわけでございます。特に、民事上の紛争を少なくとも解決するまでは、そういうことでは困るという御指摘の方もございました。この点を踏まえまして、今度新しい法律もできることでございますから、政令で病名を指定します段階までに検討してまいりたいと思っております」

（小平）「検討するとはどういうことですか。変更するのですか、しないのですか」

（三木武夫・環境庁長官）「私にも陳情はしばしばあって、水俣の地域の人たちが、いつまでもこう水俣といったら水俣病ということで、いろいろ社会生活にも支障をきたすからという、もっともな点が多いと思うのですが、ただ、この水俣病という一つの病名が国際的な用語にもなっておるわけなんです。そこに、こちらの方でこれを変えるからということで、水俣病という国際世論にもなっている病名がそんなに簡単になくなっていくかということについては、そこにも問題があるし、また専門家の間にもこれがいろいろ議論がありま す。（中略）水俣病自体からくるいろいろな誤解というものは自然に解消されていきますが、これは一つの医学上の国際的な用語になっておりますので、これは専門家ともよく今後相談をいたしまして、そういうことが可能ならば変えたらいいと思うのです。地域の人たちは非常に迷惑をされておるのですが、しかし、そういう簡単にいかない事情も御了察を願って、今後専門家との間にこれは研究をいたしてみたいと思います」

（小平）「私は個人としては、そういう両方の御意見のあることは承知しております。ただ、私たちが現地へ行きまして実際の被害者の方の陳情を受けましたときには、そういうようななまぬるい陳情ではなかったのです。（中略）しかし、国際的な問題とかそういうことならば、もっと直接の被害者の方に了解していただけるような方法、措置が必要だと思いますが、いかがですか」

（三木）「変えることが、いま言ったように水俣病ということで世界的にいま有名になっておるわけでございますから、そういうことで日本だけで変えても、水俣病というのが医学上の言葉として残るということでは意味がないですから。私も地元にそんな強い要望があるわけですから、変えられたら変えたらいいと思うのですよ。しかし、それはいま医学上の専門的用語になっておりますので、専門家との間にもよく相談をいたしまして、それが変えられて、医学上のそういう用語までも、それがみながそういう新しい病名を使えるようなことが、こういう手続をとればできるんじゃないかということならば、努力をしてみたいと思う。地元の人にもこのむずかしさということは言っておるんですよ。しかし、そういうむずかしさがあっても何とかならぬかというのが地元の人の要望だと思いますので、それはその気持ちはよくわかりますが、少し今後研究をさせていただきたいと思います」

（略）

（城戸）「いま別名ではというお話でございますが、いずれにしましても、名前を変えても、むずかしい名前はそれは何だと、これは実は水俣病のことだと、こういうことは当分残ると思います。これはまあやむを得ないと私思うわけでございますが、しかし、私が最初に申し上げましたのは、少なくとも今度は新しい公害健康被害補償法によりまして政令で指定するわけでございますから、その際に政令上の名前だけでも変えられるかどうかという点について検討したいと、こう申し上げておるわけでございます。大臣から、その点と医学上の名前とがちぐはぐになるということについての問題点があるということを御指摘あったわけでございまして、こういう問題、いろいろ可能性があると思いますが、全体的にもう少し勉強してみたいと思っております」

（高山恒雄・民社、全国）「関連。大臣ね、この病名を変えるということは、国際的にも非常に問題だという話も私たちも聞いております。ところが、日本の国内においては、水俣病という病名をつけたために非常にこの地域住民に悲劇が起こっておる。これは、この悲劇は避けなくちゃいけませんよ。いかに医学的に今後発展しようとも、これは国際的なそういう問題はあるにしても、せめて国内だけでもその最善の努力をして、地域住民にこたえてやるという姿勢がなければ私はいかぬと思うのですよ。いろいろな悲劇を聞きました。これはもう一生の問題ですからね。したがって私はお聞きしたいのですが、他に病名を変えたという事例があるようなお話も聞いておるのですが、国際的にそういうことはあるのか、ないのか。あるならひとつお聞かせ願いたい。あるならば、日本政府として努力すべきだと思います。どうですか」

（7）第七一回国会　参議院公害対策並びに環境保全特別委員会

（会議録第一五号）（抄）

一九七三年九月一二日

（内田善利・公明、全国）「（略）それから日吉市民会議会長にお聞きしたいと思いますが、この間、本委員会で、ちょっとことばの問題ですけれども、病名の問題ですが、水俣病ということについて、現地の方々の要望があって変えたらいいのじゃないかということで、本委員会で環境庁に対していろいろ変えるべきだという意見が出たわけですけれども、まあ変えないという結論だったように思います。それで、私たちの説得力がなかったのかどうか、もう少し現地の方の水俣病についての考え方をお聞きしたいと思います（略）」

（日吉フミ子・水俣病市民会議会長）「病名変更のことでございますけれども、病名を変えて水俣病がよくなるなら、私はいつでも変えたいと思います。けれども、病名を変えても水俣病は絶対よくなるものではございません。水俣病の起こる、その発生源の原因の除去ということにどうして力を入れないのかということを、私いつもふしぎに考えるわけでございます。

そしてまた、その病名変更の世論が高まってくる、そういう時期というのが必ずございます。それは、このごろといたしますと、四六年の終わりから四七年の初めにかけて新認定患者がチッソ前にすわり込みをしましたとき、それから一時おさまりまして、またことしの七月、漁民の紛争が起こりましたとき、いつも押さえ込みという方向でこの病名変更の問題が出てくるわけでございます。そうして今度、そういう世論調査といいますか、その方法が、きわめて行政がおかしいのであって、行政が行政機関を通じて回覧板で反対の署名を取りました。通常、行政が出すそういうものにはたいていの人が署名するわけでございます。私の地域では署名しなかった人は三軒しかございませんでした。そういう人はよっぽど勇気がある人でございます。いつも、チッソの不法行為というものを隠蔽するための一つの方法として出てくるわけでございます。そういうことを先生方はしっかり考えていただきたい。

こういう病気がなぜ起こるのか、そして世界的にもこういう悲惨な病気は起こしてはならないという、そういう立場に立てば、水俣病の病名は絶対に残しておくべきだと。あたりまえのことだと思います。ある人は結婚が破談になった。ある人は、下宿を探したところが、水俣から来たから下宿は貸さない。ある人は水俣を通る時に、バスの中で、水俣を通るからといって鼻を押える。そういう人たちは、いまの世間の常識を逸脱した人のやり方であって、常識がある人のやり方ではないと思います。いまのこの公害の問題がやかましい中で、水俣病がどういう原因で起こったのかわかりもしないで、下宿を貸さないなんていう、そういうことを言う人の常識が疑わしいのでございます。そういう常識をもとにして、病名を変えてほしいなんていうことは、私は成り立たないと思います。そういう意味で、病名変更の問題は通らなかったことを私は非常に喜んでおります。

きっと、私がこういうことを言って帰れば、もう帰ったらすぐ私は弾圧を受けると思います。けれども、それは私はいつもそういう弾圧、いやがらせの中で、この五年半ばかりは過ごしてまいりました。いまにも刺し殺すぞという脅迫の電話も何回も受けました。でも、さっき言いましたように、ほんとうに水俣病患者はどうして救われるか、それがまた自分の問題とならない可能性はない、そういうことを考えると、私はあえて勇気をもってそうお答えしたいと思います」

【謝辞】
本稿の執筆にあたり多くの御示唆を頂いた、熊本大学学術資料調査研究推進室水俣病部門、熊本大学文書館、水俣病研究会、一般財団法人水俣病センター相思社の各位に感謝を表する。

【注】

(1) 本稿は「水俣病」の名付けについて論じるが、「公害」という言葉もまた様々に用いられてきた。「公害」は一九五〇年代後半から文献に散見され、一九六四年には庄司光と宮本憲一の共著『恐るべき公害』(岩波書店) が刊行された。同書の「あとがき」には、「最初に公害ということばをつくった人は、英法にいうパブリックニューサンス (public nuisance) の訳語のつもりであったのであろう。だが、ひとたび、ことばが生みだされると、それは社会の波にのって、一人歩きをする。今日では、公害ということばは、英法でいうパブリックニューサンスよりも、はるかに包括的な内容のものとなっている」(庄司・宮本一九六四:二〇六) とある。この「一人歩き」に対し、藤本憲信 (二〇一九) は「公害」を廃語にして「環境汚染」と言い換えることを提言している。「公害」と「環境汚染」の関係が、「水俣病」と「メチル水銀中毒」の関係に重なる。

(2) 件名に「水俣病」を指定して国立国会図書館の蔵書検索を行うと、二〇一九年一一月二八日現在、図書だけでも四六〇件がヒットする。新潟もあわせての数ではあるが、この数字だけを見ても〈水俣病〉が巨大なテキストであることが窺える。

(3) この社説は「この病名づけの裏にこの病気を局地化するための政治的取引が行われているような印象を一部に与えていることも事実である」とまで踏み込んでいる。

(4) 発起人は水俣市の各種五一団体の代表者で、発足を報じる九月二六日付の熊本日日新聞によると、同会は「水俣病問題の早期解決とチッソ水俣工場の再建五カ年計画の遂行を望む水俣市民の声が高まっている折り」から「地元有力者五人が発起人となり、商議所、金融協会、観光協会、チッソ下請け協力会、旅館組合、建設業協会、婦人会など約三〇団体に呼びかけて結成したもの」である。

(5) 趣意書に記された大会決議案は七項目から成り、その内容は、水俣病患者家庭互助会への援助に関するものが三項目、チッソの再建に関するものが三項目 (うち一項目は、チッソ新旧労組の協調を訴えるもの)、そして最後の項目が病名変更の要請である。これが市民組織による病名変更への最初の言及である。

(6) 橋本編 (二〇〇〇) では、「新潟水俣病は一般には第二水俣病といわれていたが、経企庁の水俣病総合調査研究連絡協議会が形式的には存続しており、熊本水俣病の結論も出していなかったため、政府は阿賀野川流域の有機水銀中毒としてとりあげ、水俣病とはいわなかった」(橋本編二〇〇〇:一七七) と説明されている。また、新潟県衛生部長であった北野博一は、「新潟に有機水銀中毒患者が多数発生し、その原因探求と被災者対策を進めるにあたっての行政的措置として、研究本部なり対策本部を設置することは当然のことであるが、その際に何と名づけるかが問題であった。種々議論の末、新潟有機水銀中毒事件と呼称することを厚生省に具申した」「新潟水俣病の呼称は被災者たちが民事訴訟を提訴した段階で弁護団が正式に採用した。原因探求の一段落した今日、この呼称が最も端的に本件の特質を表現していると考えられるが、阿賀野川有機水銀中毒、第二水俣病、阿賀野川病等々の意見もあった」「事件発生当初においてのわれわれの認識の不足もさることながら、原因の調査研究の段階において水俣病と断言することの可否についての若干のためらいが、後日農薬説などのはいり込むすきを与えることになったとも考えられる」（北野 一九六九：二二）と記している。

（7）新潟の水銀中毒事件が「水俣病」として報じられたことは、当時「水俣病」に対して相応の了解が成立していたことを示している。また、政府見解発表の翌月、朝日新聞はカネミ油症を「福岡県下で米ヌカ油から奇病、水俣病に似た症状」（一九六八年一〇月一二日）という見出しで報じている。

（8）この報告の一部は、水俣病被害者・弁護団全国連絡会議編（二〇〇〇：八四―八六）にも収録されている。

（9）「公害に係る健康被害の救済に関する特別措置法施行令」の別表には、島根県と宮崎県の「慢性砒素中毒症」も規定されている。これに倣えば新潟県と熊本県・鹿児島県の「水俣病」は「メチル水銀中毒症」と記載されてもよい。しかし、水俣市を挙げて病名変更運動が展開した一九七三年の翌年、一九七四年の「公害健康被害の補償等に関する法律施行令」においても、病名は変更されなかった。

（10）武内（一九六六）は、「現地ではヨイヨイ病、ハイカラ病、ツツコケ（つまづき）病などと呼ばれており、また現地の医師達も異型脳炎、不明脳炎、多発性神経炎、小児のものに対しては非定型性小児麻痺などの病名を使っており、時には脳腫瘍、精神病などに誤診されていた」（武内 一九六六：一九四）と記している。

（11）新聞記事では一九九〇年代末から二〇〇〇年代初めにかけて〈水俣病〉の「公式発見」が「公式確認」へと置き換えられてきた。熊本日日新聞データベースで検索可能な一九八八年五月一日以降の記事について「水俣病 AND 公式発見」と「水俣病 AND 公式確認」をキーワードに検索すると、一九九〇年代末から二〇〇〇年代初めにかけて「公式発見」と「公式確認」の使用件数が逆転している。記事件数を一〇年間隔で比較すると、一九八八年五月一日から一九九八年四月三〇日までは「公式発見」が三三二件、「公式確認」が一八件である。これに対し、一九九八年五月一日から二〇〇八年四月三〇日までは「公式発見」が八一件、「公式確認」が八一七件である。なお、これらのうち、同じ記事に両方の表記が混在するケースが一九九五年から二〇一六年までに六件ある。

(12) 全国紙が五月一日に前後して「公式確認」あるいは「公式発見」からの経過年数に触れる記事を掲載したのは、これまでに筆者が確認した範囲では一九八一年が最初である。一九八一年五月一日の朝日新聞(朝刊一一版四面)に「水俣病苦難の『二五周年』」という記事がある。その中に「私と水俣病」と題して山下善寛の談話が掲載されており、プロフィールに「水俣病患者が公式発見された三一年にチッソへ入社」とある。一九五六年五月一日からの時間の経過について社会的に関心が向けられるようになったのは、映画『水俣病―その二〇年―』(青林舎、一九七六)以降であろう。

(13) いわゆる「ハンター・ラッセル症候群」は、水俣病事件史においては臨床所見の呼び名となっているが、入口(二〇一六)によればペンチュウが解剖所見の呼び名として用いたものである。一九三七年のイギリスの種子処理工場でのメチル水銀中毒四例を、ハンター、ボンフォード、ラッセルの三名が一九四〇年に「メチル水銀化合物による中毒症」として発表した。次いで一九五二年に上述の患者四名のうち一名が死亡し、その解剖所見をハンター、ラッセルの二名が一九五四年に「有機水銀化合物によるヒトの大小脳の局所萎縮」として発表した。「ハンター・ラッセル症候群」は、一九四〇年発表の臨床所見ではなく、ハンターとラッセルが一九五四年に発表した解剖所見に対するペンチュウの名付けであり、一九五八年の『中毒』(『病理学的解剖学及び組織学各論ハンドブック』第一三巻、『中枢神経障害』分冊2B号)で用いられている(入口二〇一六)。それならば「ハンター・ラッセル症候群」にボンフォードの名前が含まれないことにも納得がいく。

(14) 徳富昌文を代表とするグループは一〇月二一日付の「要望書」で五項目の要望を掲げており、その一つに病名変更がある。発起人一六名のうち七名は発展市民協議会の発起人と同一人物である。一方、池松信夫を代表とするグループ(「水俣市民公害対策協議会」を名乗っている)は同じく一〇月の「趣意書」で四項目の要望を掲げている。発起人九名に発展市民協議会の発起人は含まれておらず、徳富グループとの重複もない。趣意書では病名変更に触れていないが、それを除けば要望は徳富グループとほぼ共通している。両グループに共通の要望は、患者の救済と水俣湾のヘドロ処理である。両グループはそれぞれ独自に署名運動を展開した後、水俣市長(浮池正基)の斡旋で統一組織「水俣を明るくする市民連絡協議会」となる。両グループが集めた署名は合計で約二七〇〇〇名に達した。この署名運動をめぐる患者側との新聞折り込みビラの応酬は「ビラ合戦」と呼ばれる。

（15）市民大会での決議文によると市民連絡協議会は「水俣病の解決と水俣市の発展の為の唯一無二の施策」として六項目の活動方針を掲げている。患者の補償と治療に関するものが二項目、水俣湾のヘドロ処理に関するもの一項目、病名変更に関するもの一項目、水俣市の経済発展に関するもの二項目である（これらの条文にチッソの名は記されておらず、「現在水俣市にある事業の充実発展」と表現されている）。病名変更については「『水俣病』の病名は水俣市のイメージを暗いものにし、かつ悲惨なものとして印象づけている。このため『水俣病』の病名から水俣を削除し、例えば水銀中毒症等の病名に変更するよう関係各方面に働きかける」とある。

（16）回収率は市内一〇五一九世帯の七四・五〇パーセントで、このうち二二三八名（三〇・一パーセント）から具体的な回答が寄せられたとある。以下の内容が紹介されている。

・「水俣市民であることを隠したことがある」一〇六三名
・「旅行中など水俣出身であるということで不愉快な体験をした」八八一名
・「いわれなき仕打を受けた」三四名
・「子供の就職に影響があった」五二名
・「水俣出身で結婚が破談になった例を知っている」八四五名
・「自分の子供の結婚が破談になった」一九名

（17）吉井は後年、西日本新聞に連載された聞き書きでこの顛末に触れ、「水俣市」の名前を伏せた番組に市民が憤慨したことから「いい方向に変わっている」と実感したと述べている（進藤 二〇〇二：一七六―一七八）。しかし、「水俣」の名が付くものへの不当な扱いに市民が抗議するという構造については、このケースも従前と同様である。

（18）ここで言う差別は「差別者」の側からは不可視であり、悪意を自覚しながら（言い換えれば、良心の痛みに耐えながら）なされるものではない。自然な振る舞いとして抜き難く行為者に染みついており、自分の非を認める場合でも、「悪気はなかった」と付け加えることができる。「悪意」を自覚してなされたことと、「悪意」を自覚せずになされたことでは、後者の方が免責されやすいというルールをわれわれは知っている。そして、差別が「あってはならない」ものであるほど、傷付けたことからどのようにやり直すかで悩むよりも、傷付けていない振りを身に付ける方が楽だということを悟る。

(19) 陳情書の宛先は、水俣市議会議長・斉所一郎、水俣市長・浮池正基、熊本県議会議長・沼田一、熊本県知事・沢田一精、環境庁長官・大石武一である。

(20) 西日本新聞熊本版に掲載された「シリーズ 水俣病公式確認五〇年」のうち、「深き淵の記憶 塩田武史さんの写真から」の連載第八回「病名」(二〇〇六年二月二日)は、「汚名か反公害の象徴か」という見出しで呼称の争点を端的に示した。病名変更運動に対する患者・支援者側の見解として「結局はチッソを擁護し患者と敵対する人たちの、病名に名を借りた運動でしかなかった」(水俣病互助会事務局・谷洋一)、「運動の成り立ちが悪すぎる」(水俣病被害者の会事務局長・中山裕二)という声が掲載されている。

(21) 二〇年前のデータではあるが、「水俣・社会ネットワーク研究会」(代表・吉永利夫)による「『もやい直し』と地域振興に関する市民アンケート調査」(一九九九)では、「あなたやご家族、あるいは親類や近所の方に、水俣病認定患者や一時金受給者などの患者の方はいらっしゃいますか」への回答のうち「私自身が患者」「家族が患者」を合わせて「患者・家族」とし、「病名を変えてほしいと思いますか」とのクロス集計を行った。「患者・家族」一三九人中三二・四パーセントにあたる四五人は「変えてほしい」と答えている。「患者・家族」以外の回答者で「変えてほしい」と答えたのは一〇三八人中三八・七パーセントにあたる四〇二人である。なお、この調査は一九九八年一二月三一日時点で水俣市に居住していた二〇歳以上の二五一三〇人の中から一〇パーセントの二五一三人を無作為抽出し、郵送により調査票を配付・回収したものである。回収率は四七パーセントで、一一八二票のうち白紙回答を除いた一一七七票を有効回答数として集計した。この調査の詳細は向井(二〇〇四)を参照されたい。

(22) 一九九五年一月四日の熊本日日新聞が「チッソ、有機水銀生成知っていた/水俣病公式確認六年前の昭和二五年の内部資料で判明」という見出しで報じている。

(23) 一九八六年の一橋出版『新現代社会資料』(七八頁、八〇頁)には、この教科書検定に言及する資料が掲載されているほか、見出しに「チッソ水俣病」の呼び名が用いられている。

(24) 東京都立第五福竜丸展示館のホームページには、「ビキニ水爆実験により、第五福竜丸一隻だけでなく多くの船舶が被害を受けたことから、当協会では『ビキニ事件』という呼称を使っています。マーシャル諸島での核実験は一九五八年までつづけられており、被害を限定的に捉えることは適切ではないと考えています」とある(東京都立第五福竜丸展示館「第五福竜丸とは」http://d5f.org/about.html 参照二〇一九年七月三一日)。ここでも事件の呼び名が意識的に選択されている。また、社会福祉法人「浦河べてるの家」における精神疾患の当事者研究では、患者が「自己病名」をつける。それは病気を引き受け主体性を回復する試みの一環である。

(25) この看板設置を機に熊本日日新聞は同年六月より連載「『水俣病』呼称 読み解く」を開始した。筆者が知る限りでは、「水俣病」の呼び名をテーマにした連載は新聞ではこれが初めてである。葛藤と対立の構造は変わらないが、「水俣病」の呼び名をめぐる問いの焦点が、是非の応酬からその後景へと移行しつつあることが窺える。

関連年表

一八六五年（慶応四）　イギリスの聖バーソロミュー病院医科大学化学実験室で技術者三人がメチル水銀中毒となる

一八八七年（明治二〇）　ヘップが論文「有機水銀化合物ならびに有機水銀中毒と金属水銀中毒の比較について」を発表（聖バーソロミュー病院での症例も報告書より転載）

一九一六年（大正五）　ドイツのワッカー・ケミー社の従業員がアセトアルデヒド製造の排泥により有機水銀中毒となる

一九三二年（昭和七）　五月七日　日本窒素肥料株式会社水俣工場がアセトアルデヒドの製造を開始

一九三七年　イギリスの種子処理工場でメチル水銀中毒が発生

一九四〇年　ハンター、ボンフォード、ラッセルが論文「メチル水銀化合物による中毒症」を発表（聖バーソロミュー病院での症例とヘップ論文にも言及）

一九五四年　ハンター、ラッセルが論文「有機水銀化合物によるヒトの大小脳の局所萎縮」を発表

一九五六年　五月一日「原因不明の疾患」チッソ附属病院から水俣保健所に報告

五月八日付　西日本新聞「死者や発狂者出る、水俣に伝染性の奇病」

五月二八日　水俣市奇病対策委員会発足

八月二四日　熊本大学医学部水俣奇病研究班発足

九月一日付　西日本新聞「奇病、葦北脳炎と仮称、熊大医学部、希望患者を付属病院へ」

一九五七年　三月四日　熊本県水俣奇病対策連絡会発足

八月一日　水俣奇病罹災者互助会発足

八月一六日付　西日本新聞「〝水俣病〟が新発生、一年半ぶり、地元ショック」

一二月一九日「水俣病」呼称の質疑：水俣市議会定例会／松永直・大橋登・松本雄象「水俣病を何か適当な名前に改めたらどうかと」

一九五九年　七月二二日　熊本大学医学部研究班が有機水銀説を発表

一〇月一五日付　熊本日日新聞社説「合理性を欠いた病名、水俣病に寄せて!!」

一九六五年　六月一三日付　朝日新聞「新潟に『水俣病』?、類似症状で二人死ぬ、有機水銀中毒と断定、阿賀野川流域」

六月二一日付　熊本日日新聞「〝第二の水俣病〟は迷惑千万」

一九六八年　九月二六日　厚生省「水俣病に関する見解と今後の措置」を発表

九月二六日　科学技術庁「『新潟水銀中毒に関する特別研究』についての技術的見解」を発表

九月二九日　水俣市発展市民協議会発足（二九日：水俣市発展市民大会「公害として認定された現段階で、この際水俣病という病名の名称を変えること」）

一〇月一九日付　熊本日日新聞「水俣病と呼ばないで、水俣市発展市民協、厚相に助力を陳情」

一一月七日　「水俣病」呼称の質疑：衆議院産業公害対策特別委員会／石田宥全・高橋正春「阿賀野川の中毒事件をなぜ水俣病と呼ばなかったか」

一九六九年　八月五日付　西日本新聞「水俣病の〝病名〟など再検討、厚生省」

一二月二七日　「公害に係る健康被害の救済に関する特別措置法施行令」公布、「政令で定める地域及び同項に規定する疾病」として別表に「水俣病」を規定

一九七一年　八月七日　環境事務次官通知「公害に係る健康被害の救済に関する特別措置法の認定について」

一〇月六日　川本輝夫ら一六名を水俣病と認定（自主交渉開始、一一月より水俣工場正門前座り込み）

一一月一四日　水俣を明るくする市民連絡協議会発足（一四日：水俣を明るくする市民大会「例えば水銀中毒症等の病名に変更するよう」）

一九七二年　二月二三日　水俣市漁協が漁民大会で病名変更要求を決議（三月に陳情）

一九七三年

二月二六日付　熊本日日新聞「『水俣病』病名変更へ知事動く／環境庁に働き掛ける、補償交渉見通しなし、帰任談」
三月一四日付　水俣市議会定例会／淵上末記・浮池正基「市長といたしましては、やはり病名変更をしてもらいたい」
三月二〇日　第一次訴訟判決
四月一一日「水俣病」呼称の質疑：衆議院公害対策並びに環境保全特別委員会／岡本富夫・浮池正基
五月二二日付　朝日新聞「有明海に『第三水俣病』」
六月二一日「水俣病」呼称の質疑：衆議院公害対策並びに環境保全特別委員会／岡本富夫・三木武夫
六月二七日「水俣病」呼称の質疑：衆議院公害対策並びに環境保全特別委員会／船後正道
六月二八日「水俣病」呼称の質疑：衆議院公害対策並びに環境保全特別委員会／三木武夫
七月六日「水俣病」呼称の質疑：参議院農林水産委員会／園田清充・山本宜正・辻一彦
七月九日　東京交渉団がチッソとの補償協定書に調印
八月一四日付　西日本新聞「『水俣病』と呼ばないで／あすから病名変更署名」
八月一五日付『市報みなまた』三七三号にて病名変更署名の呼びかけ（水俣市駐在事務所長と行政協力員による署名運動）
八月二九日「水俣病」呼称の質疑：参議院公害対策並びに環境保全特別委員会／杉原一雄・小平芳平・城戸謙次・三木武夫・高山恒雄
九月一〇日　水俣市「水俣病病名のため市民が受けた被害調査」開始
九月一二日「水俣病」呼称の質疑：参議院公害対策並びに環境保全特別委員会／内田善利・日吉フミコ
一〇月一五日付『市報みなまた』三七七号、

病名変更陳情の報告、「被害調査」結果報告（二二三八人が回答）

一九七四年　八月二〇日　「公害健康被害の補償等に関する法律施行令」公布、別表第二（第一条関係）に疾病として「水俣病」を規定

一九八一年　八月一日　水俣病患者連盟臨時総会で「水俣病」を「チッソ水俣病」（組織名「チッソ水俣病患者連盟」）と変更決議

一九九〇年（平成二）　三月三一日　水俣湾公害防止事業完了

一九九三年　一月四日　水俣市立水俣病資料館開館

一九九四年　五月一日　水俣病犠牲者慰霊式で「もやい直し」を提唱

一九九六年　九月二八日　水俣フォーラムが「水俣・東京展」を開催（一〇月一三日まで）

一九九九年　五月二七日　読売テレビ『どっちの料理ショー』、サラダタマネギ産地を「水俣市」を削って字名だけの「熊本県袋神川」と紹介

二〇〇〇年　二月二三日　「水俣病」呼称の質疑：衆議院予算委員会第五分科会議／倉田栄喜・清水嘉与子「中身の実態をあらわしたものに変えるべきではないのか」

二〇〇一年　八月一日　新潟県「環境と人間のふれあい館」開館

一〇月一二日　水俣フォーラムが水俣市で「水俣病展」を開催（二一日まで）

一〇月一五日　水俣市で水銀国際会議開催（一九日まで）、「水俣病の病名変更を考える会」が小冊子を配布

二〇〇二年　七月二四日　熊本県議会ホームページの「つまずき病」「よいよい病」など水俣病類義語表記に患者団体が抗議、西日本新聞「水俣病に差別的同義語」（二五日付）

二〇一一年　五月一〇日　熊本県教育委員会が「水俣に学ぶ肥後っ子教室」を開始

二〇一二年　一二月一九日　水銀製品の製造と輸出入を規制する国際条約の名称を「水銀に関する水俣条約」とすることに反対する意見書を水俣市議会が可決

二〇一三年　一月一九日　水銀製品の製造と輸出入を規制

する国際条約の名称を「水銀に関する水俣条約」とすることを国際連合環境計画（UNEP）の政府間交渉委員会にて決定

二〇一九年　三月二〇日「メチル水銀中毒症へ病名改正を求める水俣市民の会」が病名変更を訴える看板を国道沿いに設置

【文献】

赤坂真理、二〇一四、『愛と暴力の戦後とその後』講談社

石牟礼道子、一九七二、『苦海浄土　わが水俣病』講談社

入口紀男、二〇〇八、『メチル水銀を水俣湾に流す』日本評論社

入口紀男、二〇一六、『聖バーソロミュー病院一八六五年の症候群』自由塾

牛島佳代・成元哲・向井良人・除本理史、二〇一九、「福島から照射する水俣病をめぐる分断修復の現状と課題」『中京大学現代社会学部紀要』一三（2）、八三―一二五

岡真理、二〇〇〇、『記憶／物語』岩波書店

岡本達明、二〇一五、『水俣病の民衆史　第二巻　奇病時代一九五五―一九五八』日本評論社

尾崎正道ほか、一九五七、「錐体外路症状を主徴とする原因不明の中枢神経疾患の多発例（いわゆる水俣奇病）」『日本醫事新報 No.1721』日本醫事新報社、一一―二一

尾崎正道ほか、一九五八、「熊本県水俣地方に発生する中枢神経系障碍を主徴とする原因不明疾患の本態究明並びに予防治療について」『三二年度文部省研究費研究報告集録（医学および薬学編）』日本学術振興会、二七五―

二八一
尾崎正道ほか、一九五九、「いわゆる水俣奇病の発症原因の究明ならびに予防治療法の攻究」『三三年度文部省総合研究報告集録（医学及び薬学編）』日本学術振興会、二三七―二四四
勝木司馬之助、一九六〇、「水俣病―奇病の原因を求めて―」『科学雑誌　自然』一五（3）、中央公論社、九―一〇
環境庁、一九七二、『環境白書（昭和四七年版）』
環境庁、一九七三、『環境白書（昭和四八年版）』
北野博一、一九六九、「新潟水銀中毒事件の反省」『公衆衛生』三三（2）、二二―二七
熊本県、一九七四、『昭和四八年版 公害白書』
栗岡幹英、一九九三、『役割行為の社会学』世界思想社
厚生省、一九六九、『公害白書（昭和四四年版）』
厚生省、一九七〇、『公害白書（昭和四五年版）』
厚生省、一九七一、『公害白書（昭和四六年版）』
酒匂純子、「ひとこと」『西日本新聞』朝刊、二〇一〇年五月二一日
庄司光・宮本憲一、一九六四、『恐るべき公害』岩波書店
進藤卓也、二〇〇二、『奈落の舞台回し―吉井正澄聞書』西日本新聞社
高峰武編、二〇一三、『水俣病小史　増補第三版』熊本日日新聞社
高峰武編、二〇一八、『8のテーマで読む水俣病』弦書房
武内忠男ほか、一九五七、「水俣病（水俣地方に発生した原因不明の中枢神経系疾患）の病理学的研究（第二報）／特に本症の神経細胞の病変に就て」『熊本医学会雑誌』三一（補冊二）、二六二―二六七
武内忠男、一九六六、「水俣病の病理」、忽那将愛編、『水俣病―有機水銀中毒に関する研究―』熊本大学医学部水俣病研究班、一九四―二八二
武内忠男、一九七九、「水俣病の病理学的追求の歩み―不明疾患水俣病から有機水銀中毒症へ」有馬澄雄編、『水俣病―二〇年の研究と今日の課題』青林舎、二七―四八
武内忠男、一九八九、「病因論からみた水俣病」都留重人ほか編、『水俣病事件における真実と正義のために―水俣病国際フォーラム（一九八八年）の記録』、勁草書房、二一―二七
谷川健一、「水俣再生の夢」『西日本新聞』朝刊、二〇〇四年七月四日

東京都立第五福竜丸展示館、「第五福竜丸とは」、http://d5f.org/about.html、参照二〇一九年七月三一日
富樫貞夫、二〇一七、『〈水俣病〉事件の六一年　未解明の現実を見すえて』弦書房
徳臣晴比古、一九九九、『水俣病日記』熊本日日新聞情報文化センター
永井均、二〇〇七、『翔太と猫のインサイトの夏休み 哲学的諸問題へのいざない』筑摩書房
日本公衆衛生協会、一九七〇、『公害の影響による疾病の指定に関する検討委員会の記録 公害の影響による疾病の範囲等に関する研究（昭和四四年度厚生省委託）』
橋本道夫編、二〇〇〇、『水俣病の悲劇を繰り返さないために』中央法規出版
原田正純、「いのちの鏡（三）」『西日本新聞』朝刊、二〇〇二年五月一〇日
福岡伸一、二〇〇九、『世界は分けてもわからない』講談社
藤本憲信、二〇一九、「『公害』という言葉」Colonia 制作委員会編、『Colonia Nr.3』、二四―三九
丸山定巳、一九八〇、一九八一、『水俣病に関する総合的調査手法の開発に関する研究報告書』日本公衆衛生協会
水俣病研究会編、一九九六、『水俣病事件資料集（上・下）』葦書房
水俣病被害者・弁護団全国連絡会議編、一九九八、『水俣病裁判 全史 第一巻 総論編』日本評論社
水俣病被害者・弁護団全国連絡会議編、二〇〇〇、『水俣病裁判 全史 第三巻 被害・世論編』日本評論社
石井正彦、二〇〇八、「専門概念の命名」、宮地裕・甲斐睦朗編、『「日本語学」特集テーマ別ファイル 普及版 意味二』明治書院、二一―二六
向井良人、二〇〇四、「水俣市民意識調査にみる『水俣病』の現在―『もやい直し』時代の病名変更世論―」、丸山定巳・田口宏昭・田中雄次・慶田勝彦編、『水俣の経験と記憶―問いかける水俣病』熊本出版文化会館、一九九―二二五
向井良人、二〇一〇、「水俣病を現前させる『まなざし』についての考察」『保健科学研究誌』(11)、二三―三一
向井良人、二〇一九、「『水俣病』の名付けを振り返る」『ごんずい』一五四号、三―五

【その他資料】

大阪高等裁判所第三民事部、平成六（ネ）一九五〇（水俣病関西訴訟）判決文、二〇〇一年四月二七日
最高裁判所第三小法廷、平成二四（行ヒ）二〇二（水俣病認定義務付け訴訟）判決文、二〇一三年四月一六日
昭和三三年第六回水俣市議会定例会会議録　一九五八年一二月一九日
昭和四七年第一回水俣市議会定例会会議録　一九七二年三月一四日
第五九回国会　衆議院産業公害対策特別委員会 会議録第五号、一九六八年一一月七日
第七一回国会　衆議院公害対策並びに環境保全特別委員会会議録第二九号、一九七三年六月二一日
第七一回国会　衆議院公害対策並びに環境保全特別委員会会議録第三二号、一九七三年六月二七日
水俣市「市報みなまた」第三七一号（一九七三年七月一日号）
水俣市「市報みなまた」第三七三号（一九七三年八月一日・一五日合併号）
水俣市「市報みなまた」第三七五号（一九七三年九月一五日号）
水俣市「市報みなまた」第三七七号（一九七三年一〇月一五日号）
朝日新聞縮刷版
熊本日日新聞データベース
映画『水俣病―その三〇年―』青林舎、一九八七

Ⅱ　水俣病特措法の成立とその後

石貫謹也・隅川俊彦

1　はじめに

公害健康被害補償法（公健法）上の水俣病患者かどうかを判断する国の認定基準は、旧環境庁が一九七七（昭和五二）年に通知した「五二年判断条件」に基づいている。その後、裁判の判決が基準より幅広い被害を何度か認めたが、判決が基準の見直しにつながることはなかった。その一方で、救済を求めて患者認定を申請する人や、認定を棄却された人を中心に裁判を起こす人が急増。社会問題化したこともあって、患者と認定しない代わりに補償金より低額の一時金を支給し、認定申請や裁判を取り下げる政治決着が二度図られた。一度目が一九九五年の政府解決策。そして二度目が、二〇〇九年に成立した水俣病特別措置法だ。特措法によって被害者の多くは認定申請や裁判を取り下げたものの、救済から漏れた人たちが新たな集団訴訟を提起。胎児性患者らと同じ世代が起こした国賠訴訟、行政訴訟も続いている。特措法が目指す「水俣病問題の解決」は今なお見通せない。それは、そもそも水俣病の「解決」とは何かということが、逆に問われていることでもある。

2　特措法成立までの経過

(1) 政府解決策

旧環境庁が複数症状の組み合わせを基本要件とする五二年判断条件を通知し、患者認定の門戸は事実上狭まった。認定申請が大量に棄却されるようになると、棄却された人たちの救済を求める運動が広がった。最大の被害者団体、水俣病被害者・弁護団全国連絡会議（全国連）の国賠訴訟は最終的に、福岡高裁や熊本地裁など全国の三高裁・四地裁に拡大。一九九六年五月の和解や取り下げによって裁判を終わらせた本人原告は約二千人に上った。これらの紛争を収束させる国の手段となったのが、いわゆる一九九五年の政府解決策だ。対象はメチル水銀の暴露歴と両手足先の感覚障害が認められた人で、二六〇万円の一時金や医療費の自己負担分（療養費）、療養手当の支給が柱。五つの被害者団体（全国連、水俣病患者連合、水俣病平和会、茂道水俣病同志会、水俣漁民未認定患者の会）には六千万〜三八億円の団体加算金も支払われ、各団体は裁判や認定申請を相次ぎ取り下げた。水俣病問題は国や熊本県、原因企業チッソが目指す解決に向かうともみられたが、不知火海沿岸から関西地方に移り住み、唯一解決策に応じることなく裁判を継続した水俣病関西訴訟の原告団が国などの思惑を打ち砕いた。

国と熊本県、チッソに損害賠償を求めた原告団は一審大阪地裁でこそ敗訴したものの、二〇〇一年の二審大阪高裁で逆転勝訴。二〇〇四年の最高裁判決も高裁判決を支持した。判決のポイントは二つある。一つはメチル水銀に汚染された魚介類を多食していれば、両手足先の感覚障害が確認されただけで「メチル水銀中毒症」と認めた点。五二年判断条件は感覚障害に加えて、運動失調や視野狭窄など複数症状の組み合わせを基本要件としていた。もう一つは、国と熊本県の加害責任を認めた点。国は水質二法（水質保全法、工場排水規制法）に基づく排水規制をしなかった責任、熊本県は漁業調整規則によって有害物を除去する施設の設置を命じなかった責任がそれぞれ問われた。

政府解決策によって被害者団体との紛争を解決する一方で、国が守り通そうとしたものは何だったのか。元チッソ水俣工場第一組合（新日本窒素労働組合）委員長で『水俣病の民衆史』（全六巻、日本評論社）を著した岡本達明さんは「国の賠償責任を問わない」「患者とは認めない」「（五二年）判断条件に手を付けない」の三点を指摘する。しかし、水俣病関西訴訟の最高裁判決は国と熊本県の加害責任を確定させ、認定基準も根底から揺さぶることになった。

（2）急増する認定申請、新たな集団訴訟も

感覚障害だけでメチル水銀中毒症と認めた水俣病関西訴訟の判決が最高裁で確定すると、一九九五年の政府解決策を経て大幅に減っていた認定申請が再び急増するようになった。その一方で、水俣病関西訴訟の最高裁判決後、認定基準を堅持し続けてきた熊本県水俣病認定審査会は二年半余り、機能停止に陥った。最高裁判決を機に審査会の判断が司法によって覆される可能性が強まり、審査会のメンバーが、再任に難色を示したためだ。

認定申請者の急増には、各団体が積極的に被害者掘り起こしを進めたことも大きく影響している。

一九九五年の政府解決策で団体加算金の対象から漏れた水俣病出水の会（尾上利夫会長）は本拠地の鹿児島県だけでなく、熊本県でも積極的に会員を集め、患者認定の集団申請を重ねた。一方で尾上会長は環境省や熊本県を積極的に訪れ、新たな救済の実現を迫った。最高裁判決後、津奈木町などの被害者は水俣病被害者芦北の会、鹿児島県長島町などの被害者は水俣病被害者獅子島の会をそれぞれ結成。水俣病出水の会と歩調を合わせ、新たな被害者救済策の実現を求めて声を上げた。

二〇〇五年一〇月には、最高裁判決後に結成された水俣病不知火患者会（大石利生会長、二〇一八年死去）が新たな集団訴訟を熊本地裁に提起した。水俣病関西訴訟最高裁判決が認めた一人当たり八五〇万円の損害賠償を国と熊本県、チッソに求める内容。次々と追加提訴を重ね、二〇〇九年二月には大阪地裁、翌年二月には東京地裁に提訴した。これより前の二〇〇七年一〇月には、胎児性患者や小児性患者と世代が重なる水俣病被害者互助会の九人が、国と熊本県、チッソに一人当たり一六〇〇万～一億円の損害賠償を求める訴訟を熊本地裁に起こした。

最高裁判決後のこうした動きに対応するため、環境省は二〇〇五年四月、一九九五年の政府解決策で設けた保健手帳の拡充を打ち出した。従来の保健手帳が医療費支給の上限を月額七五〇〇円と定めていたのに対し、新保健手帳は上限を撤廃し、全額支給とした。認定申請の取り下げを手帳交付の条件としたことで、国は急増する認定申請者の多くが新保健手帳に乗り換えるとみていた。しかし、その思惑に反し、認定申請者も新保健手帳の交付申請者も増加。新保健手帳の交付は最終的に六三六九人（熊本県四四五六人、鹿児島県一四二九人、新潟県四八四人）に上り、認定申請して認定か棄却かの結論が出ていない未処分者は二〇一〇年七月、過去最多となる八二八二人（熊本県四五一五人、鹿児島県三六一三人、新潟県・市一五四人）に達した。

（3）動きだした第二の政治決着

新たな救済策の実現を求める声の高まりを受け、熊本県と熊本県議会は二〇〇六年五月、「第二の政治決着」による解決を国などに求めた。熊本県などが描いた救済策は一人当たり上限二六〇万円の一時金の支払いや、療養手当、医療費を支給する医療手帳の交付など一九九五年の政府解決策並みの内容。水俣病関西訴訟の最高裁判決後に自民、公明両党が設置した与党のプロジェクトチーム（ＰＴ）は熊本県などの要請に応じて、解決策の検討に入ることで一致した。与党ＰＴを座長として動かしたのは、自民党衆院議員（熊本四区）の園田博之氏（二〇一八年死去）だった。

救済策を練るため実態調査をすることになり、環境省は認定申請者と新保健手帳の所持者計約一万三千人を対象に実施。二〇〇七年六月にまとまった調査結果によると、無作為抽出した約二九〇人を対象に医師が対面調査したところ、両手足先の感覚障害が確認された人が四三・三パーセントに上った。これらの結果を踏まえ、与党ＰＴは一九九五年の政府解決策による救済から漏れた人たちがいるとして救済策の内容を検討。二〇〇七年一〇月、新たな救済に向けた最終案を取りまとめた。

最終案は一時金一五〇万円と月額一万円の療養手当が柱となった。対象者は「九五年の救済対象に準じる人」。一時金の額について、園田座長は「九五年より広く救済するには（九五年の）二六〇万円から減じて、被害者から最低限理解いただける金額」と説明した。最終案に対する被害者団体の賛否が割れる中、チッソは紛争解決の展望が持てないことなどを理由として、救済費用の負担を拒否。その一方で同社の分社化に向け、チッソの経営課題に関する自民党の検討部会が特別措置法案の素案をまとめたことが表面化した。

二〇〇八年六月、自民党水俣問題小委員会に示された分社化法案は、患者補償や公的債務の返済を担う親会社と事業を継続する子会社にチッソを分離し、上場した子会社の株式売却益で患者補償や公的債務の返済を完遂した後、親会社を清算する仕組み。これを機に、チッソ分社化の議論が本格的に動きだした。分社化法案の検討を進める作業チームの座長を務めたのは、チッソの後藤舜吉会長と東大の同窓生で同社の訴訟代理人も務めた杉浦正健元法務大臣だった。

与党PTが分社化を立法化する方針を固めたことを受け、チッソは二〇〇九年二月、与党PTの救済策を受け入れることを表明。認定されていない被害者の救済を巡る第二の政治決着は一気に現実味を増した。与党PTは救済とチッソ分社化をセットにした一括法案をまとめ上げ、二〇〇九年三月には自民党の環境部会と水俣問題小委員会が法案を了承。議員立法として衆院に提出された。被害者側は「加害者の救済、免責だ」などとして一斉に反発。チッソ分社化や、法案に盛り込まれた水俣病発生地域の指定解除の撤回を求める共同声明（資料①）を発表した。共同声明発表では、認定患者団体や一九九五年の政府解決策を受け入れた団体など一一団体が立場を超えて連携。水俣病事件史で、これほど多くの団体が統一行動を取るのは異例の出来事だった。被害者側の危機感の表れでもあった。

その後、第二の政治決着を巡る動きは与野党協議に舞台を移した。法案成立のためには、参院第一党の民主党の協力が欠かせなかったためだ。与党が被害者救済とチッソ分社化をセットにした一括法案を国会提出したのに対し、民主党は二〇〇九年四月、独自の特別措置法案を参院に提出した。民主党案は被害者の反発を招いたチッソ分社化や水俣病発生地域の指定解除を盛り込まず、一時金は一人当たり三〇〇万円とした。水俣病関西訴訟の最高裁判決で国と熊本県の加害責任が確定したことから、救済にかかる費用は国が負担し、最後からチッソに求償するとした。「一九九五年の政府解決策に漏れた人たちを救済する」という与党と、最高裁判決を踏まえた救済を目指す民主党。与野党協議では双方の考え方の違いが浮き彫りになり、議論は平行線をたどった。

（4）政権交代前夜の与野党駆け引き

こう着状態が続いた与野党協議が動きだしたのは二〇〇九年六月。それまで実務者レベルで続けられていた協議が政調会長ら幹部級のレベルに引き上げられた。政権交代をかけた総選挙が目前に迫っていた時期。解散に伴う廃案を危ぐした与党PTの園田座長が、自民党の大島理森国対委員長、民主党の山岡賢次国対委員長に働き掛けた。翌七月には与野党で合意。最大の争点だったチッソ分社化を民主党が容認する一方、与党は救済対象の範囲で譲歩し、従来の両手足先の感覚障害に全身性の感覚障害が加わった。水俣病発生地域の指定解除に関する部分は削除された。被害者救済とチッソ分社化を柱とした水俣病特別措置法（正式名称・水俣病被害者の救済及び水俣病問題の解決に関する特別措置法、資料②）は二〇〇九年七月八日、参院本会議で自民、民主、公明各党などの賛成多数で可決、成立した。

当時、参院熊本選挙区の民主党議員として実務者レベルの与野党協議を続けていた松野信夫弁護士は「政権を取ってから自分たちの救済策をまとめればいい。無理して妥協する必要はない」と考えていたところ、国会対策を担う党幹部から「与野党協議を外れてくれ」と言われた。この対応について松野氏は、「突っ張るよりも自民と手を握り、（特措法を）いったん成立させた方がいいだろうという政治判断。それには私が多少邪魔だったということだ」と説明。「国対幹部は『政権交代して天下を取った後、新たな財政負担が生じるような案件を民主党政権に持ち込む必要はない。自民党政権下で解決を図った方が得策』と考えたのだろう。『あれは自民党がやったことなのだ』としておきたかったのだろう」と振り返る。松野氏は「チッソ救済法に過ぎない」として、参院本会議の採決を棄権した。

3　特措法の問題点

（1）救済の対象や内容は先送り

特措法は、国の認定基準に満たない被害者の救済とチッソ分社化の二本柱から成る。このうち救済に関して定めたのは二章「救済措置の方針等」。五条にはメチル水銀の暴露を受け、両手足先の感覚障害や全身性の感覚障害がある人を対象に一時金と療養手当、医療費の自己負担分を支給するという「方針」のみが記された。与野党の考え方に大きな開きがあった一時金の額など具体的な内容は盛り込まれず、議論は先送りされた。

五条二項は、救済を求める人たちに二者択一を迫った。公健法上の患者と認定され、既に補償を受けた人だけでなく、認定申請中の人、裁判を起こしている人らを対象外としたためだ。一九九五年の政府解決策と同じように患者認定や裁判による補償を諦めさせることで、より低額の政治決着に誘導する狙いがあったと読み取れる。「メチル水銀の暴露プラス両手足先の感覚障害」という要件は、水俣病関西訴訟の最高裁判決では補償の対象になった。だが、最高裁判決に沿って認定基準が見直されることはなく、特措法に基づく救済はあくまで、認定基準に満たない人たちを対象とした紛争解決でしかなかった。

(2) 分社化は詳細に規定

二章「救済措置の方針等」が五条と六条だけだったのに対し、チッソの分社化手続きを定めた四章「公的支援を受けている関係事業者の経営形態の見直し」は八条から一六条にわたって具体的な規定が網羅された。

分社化ではチッソを二つに分割。親会社は認定患者に対する補償や公的債務の返済を担い、子会社はチッソの事業を引き継ぐ。将来的には事業会社の株式を売却。その売却益を患者補償の完遂や公的債務の返済に充てるとされた。分社化手続きの流れでは、チッソが債務返済の資金計画や事業計画などを盛り込んだ事業再編計画を策定。環境大臣がこの計画を認可すれば事業会社を設立することができる。チッソは裁判所の許可を得て、事業を新会社に譲渡。事業会社の株式は環境大臣の承認を受けて売却することができるとし、条件として「救済の終了及び市況の好転まで、暫時凍結する」の一文を盛り込んだ。

チッソ分社化を進めるため、いくつかの特例も設けられた。通常の分社化手続きは債権者の権利を保護するため、民法や破産法などの規定をクリアしなければならない。しかし、特措法にはそれらの規定を「適用除外」とする条文が盛り込まれた。このうち民法が債権者に対して認める詐害行為取消権は、債務者が借金逃れのため自分の資産をあらかじめ近親者に移すような行為を取り消すことができる。この詐害行為取消権の適用除外を水俣病に例えると、チッソの資産が子会社に移って目減りすることに対し、債権者である認定患者が異を唱えることができなくなる可能性が生じる。二〇一〇年三月、「水俣病特措法は憲法違反で被害者の人権を侵害している」として日本弁護士連合会（日弁連）に人権救済を申し立てた被害者七団体の一六人は「特措法は被害者の財産権（憲法二九条一項）や、裁判を受ける権利（同三二条）を侵害している」と訴えた。これを受け日弁連は、特措法の分社化規定を厳格に運用するよう松本龍環境大臣に勧告。不知火海沿岸の住民健康調査などが終わらない限り、事業を引き継ぐ子会社の株式売却を認めないことなどを求めた。

（3）水俣病を終わらせるプログラム

三章「水俣病問題の解決に向けた取組」は七条のみ。「水俣病の解決」に向けて政府や熊本県、チッソが早期に取り組まなければならない項目を定めた。国の認定基準に満たない被害者を対象にした救済措置の実施、公健法に基づく認定申請の処分促進、紛争の解決に続き、公健法に基づく新規認定の終了を盛り込んでおり、被害者側に立てば水俣病の幕引きを図るプログラムのような規定だと言える。特措法成立前の与野党協議で、水俣病発生地域の指定解除に関する文言は盛り込まないことになったが、水俣病問題の終結を急ぎたい国や熊本県、チッソの意思は、法律の条文としてきっちりと書き込まれた。国や熊本県はその後、七条に沿って処分促進や裁判の解決を強力に推し進めていくことになる。

4 救済措置方針と集団訴訟

（1）ベースは和解協議

特措法の二つの柱のうち、チッソ分社化がはじめから詳細に規定してあったのに対し、被害者救済は五条で「一時金、療養費（医療費の自己負担分）及び療養手当の支給に関する方針を定め、公表するものとする」とだけ定め、中身の検討は先送りされた。中身を検討する土台となったのは、水俣病不知火患者会が起こした集団訴訟の和解条項だった。

水俣病不知火患者会は二〇〇五年一〇月の提訴以降、追加提訴と熊本県外での新たな提訴によって原告数を増やす一方、和解協議も呼び掛けていた。提訴当初、「和解は考えていない」（当時の小池百合子環境大臣）としていた国が方針転換を公表したのは二〇〇九年一〇月。政権交代を果たした民主党の鳩山由紀夫内閣の政務三役として初めて水俣市を訪れた田島一成環境副大臣が、裁判を続けている被害者団体に「可能であるならば、和解による解決を図りたい」と明言した。水俣病事件史上、国が和解のテーブルに就く意思を示したのは初めてのことだった。水俣病不知火患者会の原告数はこの時点で、熊本地裁だけでも一八七六人に上っていた。

水俣病不知火患者会など訴訟派の救済と非訴訟派の救済についてどうバランスを取るのか注目される中、小沢鋭仁環境大臣は二〇〇九年一一月の衆院環境委員会で同時期、同条件での解決を目指す考えを明らかにした。国が和解方針を示した後、非訴訟派からは「特措法による救済と和解の内容に差が出れば混乱する」（水俣病被害者芦北の会）「和解に向けた協議が難航して全体の解決が遅れるのは認められない」（水俣病出水の会）といった声が上がり、小沢大臣はこうした訴えに配慮したとみられる。

二〇一〇年一月には、チッソが分社化によって設立する事業会社について同年一〇月の営業開始を目指していることが明らかになった。後藤舜吉会長が社内報「ALL　CHISSO（オールチッソ）」の年頭所感（資料③）で明らかにした。所感では分社化の意義について「水俣病の桎梏《しっこく》から解放されることで経営が安定し、社員のモラールも向上する」と強調。「桎梏」などの記述が被害者団体の反発を招き、環境省の小林光事務次官も後藤会長を同省に呼んで「分社化ありきの印象を生み、被害者の気持ちを逆なでする」と不快感を伝えた。

水俣病不知火患者会は二〇一〇年一月、係争中の集団訴訟について和解協議に入ることを正式決定。被告の国や熊本県、チッソも応じる意向を表明した。熊本地裁は原告側、被告側双方の要請に応える形で和解を勧告。和解協議が始まった。救済対象者の判定方法について原告側は、水俣病に長年関わった原田正純医師（二〇一二年死去）らが作成した共通診断書に基づき、裁判所が決める方法を主張。被告側は第三者委員会（五人）による判定を提案した。原告側と被告側が二人ずつ指名するほか、双方が合意する座長一人を選ぶ方式。救済対象となる症状について国は、両手足先の感覚障害と全身性の感覚障害のほか、感覚低下が触覚か痛覚のいずれかに限られ、特措法に明示されていない乖離《かいり》性の感覚障害も全身性と同等に扱うとした。

救済対象地域については、国が一九九五年の政府解決策などに採用した水俣病総合対策医療事業の対象地域に、上天草市龍ケ岳町の樋島と高戸、鹿児島県出水市下水流の三地区を追加。対象年代は一九九一年の中央公害対策審議会答申を根拠に、一九六九年一月一日以降の出生者は「原則として対象とならない」とした。ただ、同年一一月末までに生まれた人については「胎児期にメチル水銀に汚染された可能性を否定できない」として、対象に含める方針を示した。対象地域と対象年代は救済の範囲に大きな影響を及ぼすため注目が集まったが、国が従来の考え方を踏襲して対象の線引きをした。

原告、被告双方の主張を聞いてきた熊本地裁は二〇一〇年三月、第四回和解協議で所見（資料④）を示した。救済対象者には一時金二一〇万円と月額一万二九〇〇～一万七七〇〇円の療養手当、医療費の自己負担分を支給。対象者は原告、被告双方が出す診断書を基に第三者委員会が判定するとした。二九億五千万円の団体加算金も盛り込んだ。

国と熊本県、チッソは和解所見の受け入れを表明。水俣病不知火患者会も水俣市で原告団総会を開き、賛成多数で受け入れることを決めた。熊本地裁で開かれた第五回和解協議では原告、被告双方が和解所見を受諾し、和解を成立させることで基本合意した。水俣病関西訴訟の最高裁判決後に再燃した最大の紛争は終結に向かうことになったが、「水俣病とは何か」「被害はどこまで広がったのか」といった根源的な議論は深まらなかった。一方、胎児性患者や小児性患者と世代が重なる水俣病被害者互助会の原告らは、訴訟継続の意思を示した。

特措法が目指す「水俣病の解決」に向けたプロセスが進む中、二〇一〇年五月一日に水俣市の水俣湾埋め立て地で開かれる水俣病犠牲者慰霊式に鳩山首相が参列することが決まった。水俣病事件史上、首相が水俣市を公式訪問するのは初めて。特措法による被害者救済を水俣病行政の大きな節目としてアピールしたい政権の意図は明らかだった。

(2) 訴訟派、非訴訟派は同じ条件で

首相の慰霊式参列に先立ち、政府は特措法に基づく救済措置方針(資料⑤)を閣議決定した。二一〇万円の一時金や月額一万二九〇〇～一万七七〇〇円の療養手当、医療費の自己負担分などは水俣病不知火患者会の集団訴訟で熊本地裁が示した和解所見と同じ内容。救済措置方針ではこのほか、三つの被害者団体に対する総額三一億五千万円の団体加算金支払いも決めた。内訳は、加算金支給を繰り返し要望していた水俣病出水の会(約四千人)に二九億五千万円、水俣病被害者芦北の会(約三〇〇人)に一億六千万円、水俣病被害者獅子島の会(約八〇人)に四千万円。水俣病出水の会に支払う二九億五千万円が水俣病不知火患者会に対する加算金と同額だったことも、訴訟派と非訴訟派に同じ条件で対応するという政府の意志の表れだったと言える。小沢環境大臣は積算根拠について、「水俣病不知火患者会との和解内容を参考に(各団体の)人数や活動内容などを考慮した」と説明。天草市御所浦町など離島に住む被害者が通院する場合の離島加算も認めたほか、一九九五年の政府解決策で約五カ月間だった救済申請の受付期間を延長することなども決めた。一方で、公健法に基づく認定申請や訴訟を取り下げること、今後も申請や訴訟提起をしないことなどを救済の条件として定めた。

そして迎えた水俣病犠牲者慰霊式。歴代首相として初めて参列した鳩山首相は、水俣病の被害拡大を防がなかった責任を認めてあらためて謝罪し、「悲惨な経験を繰り返さない」と誓った。一方で「万感の思いを込めて、本日、五月一日から、申請の受け付けを開始することを表明させていただきます」と述べ、特措法に基づく救済のスタートを宣言した。

5　救済措置方針の問題点

(1) 九五年政府解決策に準じる内容

一九九五年の政府解決策に続く救済措置を求める声は、国の認定基準より幅広い被害を認め、国と熊本県の加害責任を確定させた水俣病関西訴訟最高裁判決を機に高まった。しかし、出来上がった特措法の救済制度に最高裁判決が反映されることはなかった。最高裁判決は認定基準の見直しまで求めていないと解釈する国が、公健法上の患者に対する「補償」と特措法上の被害者に対する「救済」を区別したからだ。一九九五年の政府解決策を超えない範囲での救済を想定していた自民、公明両党の考え方は、そのまま政権交代を果たした民主党政権に受け継がれた。

特措法に基づく救済措置方針で定めた一時金二一〇万円は五〇万円、月額一万二九〇〇～一万七七〇〇円の療養手当は五千円前後、それぞれ九五年より低くなった。一時金と団体加算金をチッソ、療養手当と医療費の自己負担分を国と熊本県が負担する仕組みは九五年と同じ。水俣病関西訴訟の最高裁判決で国と熊本県の加害責任が確定したにもかかわらず、行政の役割と加害企業の役割は明確に区別された。「汚染者負担の原則」を貫かせる意図があったとみられている。一方、救済対象とする症状を巡って国や熊本県は「全身性の感覚障害を両手足先の感覚障害と同等に扱うため、対象は広がった」と強調。救済申請の受付期間を巡っては、九五年政府解決策が約五カ月間だったのに対し、特措法に基づく救済措置方針は「二〇一一年末までの申請状況を踏まえ判断」とした。

（2）根拠の乏しい救済対象の線引き

特措法に基づく被害者救済の対象地域は、救済措置方針で「そこに居住する人が通常起こり得る程度を超えるメチル水銀の暴露を受けた可能性があり、水俣病患者が多発した地域として県が定める地域」（資料⑥）とされた。熊本県内で実際に指定されたのは、水俣市と芦北町の沿岸部を中心としたエリア、津奈木町の全域、八代市の一部、天草市御所浦町と上天草市龍ケ岳町。不知火海東岸に比べると、西岸は圧倒的に狭かった。対象地域は、認定患者の発生分布を基に一九九五年の政府解決策や新保健手帳でも採用された水俣病総合対策医療事業の対象地域が原則となった。

ただ、患者認定は本人申請が前提となっていたため、実態を反映しているとは言えなかった。風評が漁業に悪影響を及ぼすことを恐れ、地域ぐるみで認定申請しないよう圧力をかけたケースもあった。その分布状況をベースに特措法の救済枠組みがつくられたため、救済の結果は実態からさらに懸け離れることとなった。

居住地が境界を隔てて対象地域の隣というだけで、対象地域に通勤や通学していたことなどを証明する資料を提出しなければならず、被害者側からは「何十年前の資料を求められても残っていない」といった批判が相次いだ。水俣病訴訟支援・公害をなくする県民会議医師団は、対象地域外で集団検診を実施。このうち、芦北町の標高約五〇〇メートルの集落で実施した検診では、診察した三九人中三七人を水俣病と診断した。集落には、行商人によって魚介類がもたらされていたという。

救済対象の年代は一九六八年一二月までの出生者。「（チッソ水俣工場が排水を停止した翌年の）六九年以降は水俣病が発生するレベルの水銀汚染はみられない」とした、一九九一年の中央公害対策審議会答申が根拠とされた。国は「今回は胎児期の暴露も考慮した」と強調。六九年一一月までに生まれた人でも汚染魚を多食したと認められる相当な理由がある場合や、六九年一二月以降の出生者でも高濃度の暴露を受けたことを裏付けるデータがある場合は「総合的に判断する」としたが、中公審答申そのものに対する被害者側の疑念は考慮されなかった。

（3）判定はあくまで行政側

水俣病不知火患者会の原告に対する救済では、原告と被告双方が委員を出し合う第三者委員会方式で救済対象かどうかを判定したが、特措法に基づく救済では県が設置する判定検討会によって判断した。判断材料は県が実施する公的検診で得られた検査所見書のほか、救済申請者が任意で提出する提出診断書も参考にして総合判断するとした。しかし、救済措置方針は提出診断書を作成できる医師に「神経内科などがある医療機関に在籍中」「大学病院などで三年以上の勤務経験」などの条件を設定。救済申請者にとっては診断書を書いてもらうハードルがより高まった。

さらに熊本県は、救済対象とするかどうかの判定について「行政処分には当たらない」と主張し、行政不服審査法に基づく異議申し立てを受け付けなかった。熊本県の照会に対し、環境省は「判定は法令の規定ではなく当事者の合意に基づくため、行政処分ではない」と説明。救済の具体的内容は閣議決定した救済措置方針で定められ、その内容は水俣病不知火患者会による集団訴訟の和解内容などを成文化したもの、との見解を示したという。

これに対し、新潟県の泉田裕彦知事は「（救済申請者が）一時金をもらえるかどうかという法的地位が変わるため」という理由で、判定は行政処分に当たるとした。熊本県と鹿児島県が異議申し立てを却下したのに対し、新潟県は九二人の申し立てを受け付け、このうち一三人の異議を認めて救済するに至った。熊本県と鹿児島県の判定が適正だったのかどうかは検証されないままとなった。

6　特措法の運用と結果

(1)　救済申請者は行政の想定以上

特措法の前身で、自民、公明両党の与党ＰＴが国会提出した法案には「三年以内を目途に救済対象者を確定する」との規定があった。その前提として政府が見込んでいた救済申請者は三万人。当時の認定申請者（約六三〇〇人）と新保健手帳所持者（約二万八〇〇〇人）を合わせた数だった。二〇〇九年三月、参院環境委員会で「三年」の根拠を問われた斉藤鉄夫環境大臣は答弁に立ち、一九九五年の政府解決策で約一万人の検診・判定に約一年かかったことを引き合いに、三万人の検診・判定に三年かかることを説明した。「三年以内を目途」は特措法にも引き継がれた。

ところが、二〇一〇年五月の救済申請受け付け開始から二〇一二年七月の受け付け終了までに救済を申請した人の数は政府の当初予想を大幅に上回った。保健手帳を水俣病被害者手帳に移行させる切り替え申請を含めた暫定値は、三県を合わせて六万五一五一人（熊本県四万二九六一人、鹿児島県二万八二人、新潟県二一〇八人）。その後申請取り下げなどがあり、確定値は六万四八三六人（熊本県四万二七五七人、鹿児島県一万九九七一人、新潟県二一〇八人）となった。熊本県水俣病保健課は多くの申請があった要因について、一九九五年の政府解決策の申請受付期間が約五カ月だった点などを指摘。「今回は期間が長かった上、大量の周知広報をすることができ、結果に表れたのではないか」と強調した。細野豪志環境大臣は「当初の想定から大幅に増えた。法の趣旨からすれば望ましいことだ」との認識を示した。

切り替え申請は三県の合計で一万六八二四人（熊本県一万四七九七人、鹿児島県一九九八人、新潟県二九人）。鹿児島県内の申請が全体の一割程度だったのに対し、熊本県内は三割以上と多かった。熊本大の丸山定巳名誉教授（環境社会学、二〇一四年死去）は、手帳切り替えだけなら一時金を出すことになっていたチッソに負担が生じない点を指摘。「チッソとの関係が近い人が多い熊本県では、（チッソに迷惑をかけたくないという遠慮から）一時金を諦めた人が多いということの表れではないか」と分析した。

(2) 救済申請の締め切りに被害者側は反発

熊本県は救済申請の受付期間が長かったため大量申請につながったと評価したが、受け付けの締め切りを巡っては被害者側から強い反発の声が上がった。

救済申請の受付期間について、特措法は「（救済手続きの開始から）三年以内を目途に対象者を確定する」と規定。環境省がいつ門戸を締め切るのか注目を集める中、細野環境大臣は二〇一二年二月、期限を同年七月末に設定したと発表した。救済申請受け付けが始まったのは二〇一〇年五月。特措法の規定を単純に当てはめると、二〇一三年四月末までに対象者を確定しなければならず、環境省はこのスケジュールを優先させた。救済申請者の検診や判定に最長で約九カ月かかると見積もって導き出したのが、二〇一二年七月末までという期限。会見した細野氏は「ぎりぎりの線で期限を設定した」「期限を先延ばしにするより、(周知期間として残された六カ月を)どう有効に使うかが一番大事だ」と説明した。

この後、環境省や熊本県が力を入れたのは街頭PRやテレビCMなどだった。細野氏や蒲島郁夫知事も自ら街頭に立ち、期限までに救済申請するようハンドマイクで呼び掛けた。細野氏がチッソの森田美智男社長と面会し、チッソに遠慮して同社の従業員や関わりのある市民らが申請を控えることがないよう、チッソ自ら周知徹底することを要請する場面もあった。一方、横光克彦環境副大臣は水俣病不知火患者会が進めていた被害者掘り起こしについて、「申請期限後は慎んでほしい。いつまでもやっていては他の団体に迷惑がかかる」と発言。直後に「期限までに掘り起こしてほしいという趣旨。早期締め切りを望む団体にとっては迷惑になるという意味だった」と説明したが、抗議を受けて患者会に陳謝するに至った。

被害者側は申請期限の見直しを求める理由として、救済制度を知っていても差別や偏見を恐れてためらう人がいること、自身が水俣病であることを疑っていない人にどれだけ周知しても効果が薄いことなどを挙げた。新潟県の泉田知事や天草市の安田公寛市長も見直しを求めたが、環境省や熊本県は期限の周知を繰り返すだけだった。

（3）救済対象は三万人

救済対象者を判定する熊本、鹿児島両県の作業が終了し、環境省が新潟県を加えた三県の判定結果を公表したのは二〇一四年八月。新潟県の判定作業は二〇一八年一月に終了した（資料⑦）。一時金の給付対象となったのは三県を合わせて三万二二四九人（熊本県一万九三〇六人、鹿児島県一万一一二七人、新潟県一八一六人）に上った。一時金の対象となる感覚障害は認められなかったものの、一定の神経症状が確認されたため医療費の自己負担分を支給する水俣病被害者手帳の交付対象となったのは六〇七一人（熊本県三五一〇人、鹿児島県二四一八人、新潟県一四三人）、救済対象外となったのは九六九二人（熊本県五一四四人、鹿児島県四四二八人、新潟県一二〇人）だった。一九九五年の政府解決策で救済された被害者は一万人余り。一時金対象者だけ見ても、三倍を超す被害者が埋もれたままになっていた現実が浮かび上がった。石原伸晃環境大臣は判定結果を受け、「これ（判定の終了）をもって救済の終了とは全く考えていない」と明言した。救済の終了は、チッソによる事業会社の株式売却を認める要件の一つ。水俣病を終わらせる特措法上のプログラムが粛々と進むことに神経をとがらせる被害者側に配慮した発言とみられる。

救済対象を巡る地域と年代の線引きは予想された通り、対象外から救済を申請した人たちにとって大きなハードルとなった。

救済対象外と判定された上天草市の七〇代男性の居住地は、対象地域外の同市姫戸町。隣り合う同市龍ケ岳町は対象地域だった。男性は中学卒業後、船で砂利を運搬する仕事に就き、月に一～三週間は水俣市の隣の鹿児島県出水市に停泊。その間は釣ったボラなどを食べた。長い間、水俣病と同じような症状に悩まされてきたが、検診を受ける前の第一段階で救済対象外と判断された。熊本県が求めた汚染魚多食の客観的資料が見つからず、「メチル水銀の暴露はなかった」と機械的に線引きされたとみられている。

関東在住の四〇代男性は芦北町出身。小さい頃から家業の漁を手伝っていた。祖父は認定患者で、父親は水俣病第三次訴訟の原告。祖父や父親らと同じ食卓を囲んでおり、幼少期から耳鳴りやこむら返りに苦しんできた。だが、この男性も検診を受けることなく救済対象外と結論付けられた。年代の線引きによってメチル水銀の暴露を否定されたためとみられる。

一方、熊本県が二〇一五年八月に驚くべき数字を発表した。水俣病被害者手帳のみの交付対象者を含め、判定で救済対象となった二万二八一六人のうち、一六・五パーセントに当たる三七六一人が対象地域外だったという。地域外の救済申請者五八五八人を分母にすると、救済対象者は六四・二パーセント。対象地域内に通勤・通学していたことの証明を求めるなど、不利な条件を対象地域外の救済申請者に課した上での結果だった。水銀汚染の広がりを裏付ける結果ともみられたが、熊本県水俣病保健課は「地域外にも水銀汚染があったということではない」と否定。「水俣湾やその周辺に何らかの関係があり、汚染魚を入手する機会があったと考えている」と説明した。望月義夫環境大臣も「（対象地域外の救済が三七六一人に上ったのは）県が丁寧に審査した結果だ」などと述べ、線引きの妥当性をあらためて強調した。

対象年代の枠外で救済された人たちについては、熊本県と鹿児島県が地域外の救済対象者に先だって発表した。原則対象外とされた一九六九年一二月以降の出生者の中で救済されたのは六人。このうち熊本県の四人は、へその緒の水銀濃度が胎児性・小児性水俣病の判断基準の目安一ｐｐｍを上回っていた。この六人はメチル水銀による高濃度の暴露を受けていたことをへその緒などで示すことができたため救済された。

さらに二〇一九年八月には、対象地域外に住んでいて一時金の給付対象と判定された被害者の詳細な居住

弦書房

出版案内

2024年 春

『小さきものの近代 2 』より
絵・中村賢次

弦書房

〒810-0041　福岡市中央区大名2-2-43-301
電話　092(726)9885　FAX　092(726)9886
URL　http://genshobo.com/　E-mail　books@genshobo.com

◆表示価格はすべて税別です
◆送料無料(ただし、1000円未満の場合は送料 250円を申し受けます)
◆図書目録請求呈

新刊

渡辺京二×武田修志・博幸 往復書簡集

名著『逝きし世の面影』を刊行した頃（68歳）から二〇二二年12月に逝去される直前（92歳）までの書簡220通を収録。その素顔と多様な作品世界が伝わる。

２２００円

風船ことはじめ

松尾龍之介

一八〇四年、長崎で揚がった日本初の熱気球＝風船が、なぜ秋田の山中に伝わっているのか。伝えたのは、平賀源内か、オランダ通詞・馬場為八郎か。

２２００円

新聞からみた1918《大正期再考》

長野浩典　一九一八年は「歴史的な一大転機」の年。第一次世界大戦、米騒動、シベリア出兵、スペインかぜ。同時代の人々は、この時代をどう生きたのか。
２２００円

近現代史

◆熊本日日新聞連載「小さきものの近代」

小さきものの近代 1

渡辺京二最期の本格長編　維新革命以後、鮮やかに浮かびあがる名もなき人々の壮大な物語。
３０００円

小さきものの近代 2

国家や権力と関係なく〈自分〉を実現しようと考え

話題の本

生きた言語とは何か 思考停止への警鐘

大嶋仁　言語には「死んだ言語」と「生きた言語」がある。言語が私たちの現実感覚から大きく離れ、多用されるとき、私たちの思考は麻痺する。
１９００円

生き直す 免田栄という軌跡

高峰武　獄中34年、再審無罪釈放後38年、人として生き直した稀有な95年の生涯をたどる。釈放後の免田氏が真に求めたものは何か。冤罪事件はなぜくり返されるのか。

◆第44回熊日出版文化賞ジャーナリズム賞受賞　２０００円

◆橋川文三 没後41年

三島由紀夫と橋川文三

宮嶋繁明　二人の思想と文学を読み解き、生き方の同質性をあぶり出す力作評論。
２２００円

橋川文三 日本浪曼派の精神

宮嶋繁明　『日本浪曼派批判序説』が刊行されるまで（一九六〇年）の前半生。
２３００円

橋川文三 野戦攻城の思想

宮嶋繁明　『日本浪曼派批判序説』刊行（一九六〇年）後から晩年まで。
２４００円

党解党」で絶筆・未完。 3000円

◆渡辺京二の本◆

【新装版】黒船前夜 ロシア・アイヌ・日本の三国志

◆甦る18世紀のロシアと日本 ペリー来航以前、ロシアはどのようにして日本の北辺を騒がせるようになったのか。 2200円

肩書のない人生 渡辺京二発言集2

昭和5年生れの独学者の視角は限りなく広い。一九七〇年10月〜12月の日記も初収録。渡辺史学の源を初めて開示。 2000円

◆石牟礼道子の本◆

石牟礼道子全歌集 海と空のあいだに

解説・前山光則 一九四三〜二〇一五年に詠まれた未発表短歌を含む六七〇余首を集成。 2600円

石牟礼道子〈句・画〉集 色のない虹

解説・岩岡中正 未発表を含む52句。句作とほぼ同じときに描いた15点の絵（水彩画と鉛筆画）も収録。 1900円

【新装版】ヤポネシアの海辺から

対談 島尾ミホ・石牟礼道子 南島の豊かな世界を海辺育ちのふたりが静かに深く語り合う。 2000円

◆水俣病公式確認68年

日本における メチル水銀中毒事件研究2020

水俣病研究会 4つのテーマで最前線を報告。これまでとはまったく違った日本の〈水俣病〉の姿が見えてくる。 2000円

死民と日常 私の水俣病闘争

渡辺京二 著者初の水俣病闘争論集。市民運動とは一線を画した〈闘争〉の本質を語る注目の一冊。 2300円

8のテーマで読む水俣病【2刷】

高峰武 水俣病と向き合って生きている人たちの声に学ぶ、これから知りたい人のための入門書。学びの手がかりを「8のテーマ」で語る。 2000円

◎FUKUOKA *U* ブックレット◎

❾かくれキリシタンとは何か オラショを巡る旅

中園成生 四〇〇年間変わらなかった、現在も続く信仰の真の姿。【3刷】 680円

㉑日本の映画作家と中国 小津・溝口・黒澤から宮崎駿・北野武・岩井俊二・是枝裕和まで

劉文兵 日本映画は中国でどのように愛されたか。 900円

㉒中国はどこへ向かうのか 国際関係から読み解く

毛里和子・編者 不可解な中国と、日本はどう対峙していくのか。 800円

㉓アジア経済はどこに向かうか コロナ危機と米中対立の中で

末廣昭・伊藤亜聖 コロナ禍によりどのような影響を受けたのか。 800円

近代化遺産シリーズ

北九州の近代化遺産
北九州市地域史遺産研究会編　日本の近代化遺産の密集地・北九州市を門司・小倉・若松・八幡・戸畑５地域に分けて紹介。

２２００円

産業遺産巡礼《日本編》
市原猛志　全国津々浦々20年におよぶ調査の中から、選りすぐりの212か所を掲載。写真六〇〇点以上。その遺産はなぜそこにあるのか。
２２００円

九州遺産《近現代遺産編101》
砂田光紀
世界遺産「明治日本の産業革命遺産」の九州内の主要な遺産群を収録。八幡製鐵所、三池炭鉱、集成館、軍艦島、三菱長崎造船所など101施設を紹介。
【好評10刷】２０００円

熊本の近代化遺産 上下
熊本産業遺産研究会・熊本まちなみトラスト
熊本県下の遺産を全２巻で紹介。世界遺産推薦の「三角港」「万田坑」を含む貴重な遺産を収録。
各１９００円

筑豊の近代化遺産
筑豊近代遺産研究会
日本の近代化に貢献した石炭産業の密集地に現存する遺産群を集成。巻末に300の近代化遺産一覧表と年表。
２２００円

考える旅

農泊のススメ
宮田静一　農村を救うことは都市生活を健全にする。「長い休暇を楽しむために働く社会」にしませんか。
１７００円

不謹慎な旅　負の記憶を巡る「ダークツーリズム」
写真・文／木村聡　「光」を観るか「影」を観るか。40項目の場所と地域をご案内。写真165点余と渾身のルポ。
２０００円

イタリアの街角から　スローシティを歩く
陣内秀信　イタリアの建築史、都市史の研究家として活躍する著者が、都市の魅力を再発見。甦る都市の秘密に迫る。
２１００円

近刊
＊タイトルは刊行時に変わることがあります

平島大事典　鹿児島の南洋・トカラ列島の博物誌　稲垣尚友【２月刊】

満腹の惑星　木村　聡【２月刊】

福祉社会学、再考　安立清史【４月刊】

地分布が、裁判資料から明らかになった。それによると、芦北町黒岩の九六人をはじめ水俣・芦北地域の山間部の居住者が被害を受けていたことが分かった。旧倉岳町で二五七人、旧姫戸町で一一四人が対象になるなど対岸の天草地域にも一定の被害者がいることが判明した。それでも、こうした地域で被害が認められたのは、汚染魚の多食を示す客観資料があった人など一部に限られているとみられる。

（4）集団訴訟が和解、非訴訟派も紛争終結

水俣病不知火患者会の被害者が国と熊本県、チッソに損害賠償を求め、三地裁に起こした集団訴訟は二〇一一年三月、東京地裁を皮切りに、順次和解が成立した。二〇〇五年一〇月、熊本地裁に第一陣原告が提訴して以降、同地裁の原告は二四九二人（うち死亡九四人）、大阪地裁三〇七人（同一人）、東京地裁一九四人（同一人）に膨らんでいた。原告、被告双方が設けた第三者委員会による判定の結果、特措法に基づく救済と同じように二一〇万円の一時金、療養手当、医療費の自己負担分が支給されることになった原告は熊本地裁二三一三人、大阪地裁二八二人、東京地裁一七七人に上った。原告団は①提訴当初から和解目的だった②（判定で）原告の九三・四パーセントが救済された③原告の四割が七〇代以上で早期解決が望まれる—などとして和解受け入れを決定した。一時金対象となった原告に支払われる総額と団体加算金の合計九二億七三三〇万円は弁護団報酬などの経費を差し引き、一時金対象外となった原告も含めて配分。一時金対象の原告には提訴した順に八六万七二〇〇〜二一一万円を傾斜配分した。熊本訴訟の園田昭人弁護団長は「国を初めて和解のテーブルに着かせ、さまざまな要求を実現させた」と訴訟の成果を強調した。

これに先立ち、非訴訟派の三団体は紛争を終結させる協定をチッソと結んだ。三団体は水俣病出水の会（協

定締結時の会員数三七八二人）、水俣病被害者芦北の会（同二九四人）、水俣病被害者獅子島の会（同八八人）。チッソが一時金や団体加算金を支払う代わりに、三団体は今後一切の裁判や自主交渉、患者認定の申請をしないことを約束した。チッソからは後藤舜吉会長が出席。環境省や熊本県の幹部らも立ち会った。後藤会長はこの日、被害者救済に伴う一時金の負担を受け入れた理由について「法律できちっとした解決にすることが決まった。併せて事業再編の手段が与えられ、チッソとして受け入れが可能になった」と述べた。後藤氏が、負担受け入れの理由を公言したのは初めてだった。

団体加算金の支払いを受けた団体では、配分を巡る争いも起きた。水俣病被害者芦北の会の村上喜治会長（二〇一六年死去）については二〇一五年九月、会員三九人に一人当たり約三〇万～五〇万円の損害賠償を命じた福岡高裁判決が確定。水俣病出水の会の尾上会長も損害賠償を請求され、一部の会員らと最高裁で争っている。一審鹿児島地裁判決は原告側の請求を棄却。二審福岡高裁宮崎支部判決は元会員一人に対する慰謝料支払いを命じ、残りの訴えは退けた。

三地裁に提訴した水俣病不知火患者会の原告と非訴訟派三団体の会員を合計すると七千人余り。訴訟派、非訴訟派の最大団体を含む四団体が裁判や認定申請を取り下げたことは、特措法七条が定める「水俣病問題の解決」を目指す国にとって大きな前進となった。

（5）粛々と進む分社化手続き

特措法の柱である被害者救済の手続きが進む一方、もう一つの柱とされたチッソ分社化も粛々と進んでいった。

チッソは二〇一〇年一〇月、特措法に基づく事業再編計画案の概要を公表した。内容は①患者補償などを担う親会社と事業会社にチッソを分割する分社化の概要②事業会社の事業計画③今後の資金計画④分社化後の認定患者への対応⑤地域貢献—の五項目。チッソは新たに設立する事業会社に土地や設備などの財産を譲渡する一方、事業会社の全株式を保有し、事業会社からの配当を患者補償や公的債務返済に充てるとした。事業会社は液晶などの主力事業に加え、エネルギーや環境といった成長分野にも経営資源を投入。水俣製造所を「最重点事業所」と位置付け、地域振興や雇用確保に努めることを約束した。しかし、最も注目されていた分社化の時期や事業会社の株式売却には触れなかった。

翌一一月、チッソは事業再編計画を松本龍環境大臣に提出、認可を申請した。計画では、事業会社に全事業を譲渡する時期として「二〇一一年三月（目標）」と明記。事業会社は計画期間（二〇一〇年度から五年）内に、連結の売上高を二〇一〇年三月期決算比一一・〇パーセント増の二九〇〇億円、経常利益を同二六・九パーセント増の二八〇億円にするとした。水俣製造所にはグループ全体の設備投資の四割に当たる二八〇億円を投入、従業員も五〇人増員するとした。ただ、ここでも事業会社の株式売却には触れなかった。

さらに翌一二月、松本環境大臣はチッソが申請した事業再編計画を認可した。ただ、計画に盛り込まれたのは分社化の第一段階といえる会社分割まで。事業会社の株式を売却した親会社が最終的にどうなるのか。清算によって消滅し、加害責任を負わない事業会社だけが残るのか。被害者側の疑問に対する答えは、チッソから用意されなかった。認可に至る審査の過程で、環境省が詰めたのかどうかも明らかになっていない。

年が明けた二〇一一年一月、チッソは同社の全事業を引き継ぐ新会社を設立した。社名は「JNC株式会社」。「JAPAN」（日本）、「NEW」（新）、「CHISSO」（チッソ）の頭文字から名付けられた。

7　特措法と認定基準

（1）認定基準巡る争い続く

二〇〇四年の水俣病関西訴訟最高裁判決が国の認定基準より幅広い被害を認めたにもかかわらず、特措法に基づく被害者救済はその基準を前提にして制度設計がなされた。しかし、その間にも認定基準の妥当性を巡る被害者側と行政側の争いが続いた。いくつかの司法判断の中には、水俣病を認定基準より幅広く捉えたものもあった。

特措法に基づく救済手続きの開始から二カ月半後の二〇一〇年七月、大阪地裁は感覚障害だけで公健法上の水俣病と認める判決を下した。原告は、水俣病関西訴訟の最高裁判決で勝訴した大阪府豊中市の女性。症状としては感覚障害しか確認されておらず、公健法に基づく認定申請に対する棄却処分の取り消しと、認定の義務付けを求めて熊本県と争っていた。山田明裁判長は判決で「症状の組み合わせがない限り水俣病と認められないとする被告の主張には、医学的正当性を裏付ける的確な証拠がない」と判断。「把握できる神経症状が感覚障害のみの水俣病も存在し、その場合はメチル水銀の暴露歴や症状の内容などを総合的に検討して水俣病か否かを判断すべきだ」と指摘し、女性を水俣病と認定するよう熊本県に命じた。環境省は最高裁判決の時と同様に、「判決は認定基準の見直しまで踏み込んでいない」と強調した。熊本県は控訴。蒲島知事の「特措法に基づく救済策を待っている被害者を動揺させてはいけないという判断もある」との発言からは、救済策の土台となっている認定制度が揺らいだことを憂慮する県の動揺も垣間見えた。一方で「今回の判決は原告一人の問題ではない。国と県が同じ方向に進んでいくことが大事だ」と強調した。

二〇一二年二月には、高裁レベルで認定基準が否定された。認定審査に必要な病院の調査を放置された上に棄却処分となった故溝口チエさんの次男秋生さん（水俣市、二〇一七年死去）が、熊本県による処分の取り消しと認定義務付けを求めた訴訟の控訴審で、福岡高裁の西謙二裁判長は請求を退けた一審熊本地裁判決を取り消し、チエさんを水俣病と認定するよう命じた。チエさんの場合も確認された症状は感覚障害しかなかったが、西裁判長は「メチル水銀の暴露状況、生活状況などを総合的に考慮することにより、水俣病と認める余地がある」と判断した。五二年判断条件に依拠した国の認定基準については「本来、認定されるべき申請者が除外されていた可能性を否定することができず、判断条件が唯一の基準として運用されたことは、適切であったとは言い難い」と批判した。細野環境大臣は「国の基準そのものが否定されたとは受け止めていない」と述べ、基準を見直す意思がないことをあらためて強調した。熊本県は「認定制度の根幹に関わる問題が含まれている」（蒲島知事）として上告した。

その二カ月後の二〇一二年四月、今度は大阪府豊中市の女性が起こした認定義務付け訴訟の控訴審が判決を迎えた。大阪高裁の坂本倫城《みちき》裁判長は感覚障害のみで水俣病と認めた一審大阪地裁判決を取り消し、女性の請求を退けた。また、国の認定基準についても「策定当時の医学的知見に適合しており、その後の医学的見解からみても相当」と妥当性を認めた。複数症状の組み合わせを満たさない場合の総合検討の必要性は、一審大阪地裁判決や溝口さんが起こした訴訟の福岡高裁判決と同様、大阪高裁判決も認めた。この裁判の過程では、五二年判断条件が通知された後、熊本県が総合検討して水俣病患者と認定したケースがわずか四例しかないことも明らかになった。しかし、こうした認定行政の実態が大阪高裁の判決に反映されることはなかった。

水俣病かどうか判断するにあたり、福岡高裁が「全証拠を総合検討すべきだ」としたのに対し、大阪高裁は四国電力伊方原発の原子炉設置を巡る最高裁判決を引用した。この最高裁判決のポイントは、安全性の判断は高度な知識が必要なため、専門家の審査とそれに基づく行政の決定に委ねられるとした点。司法の役割はそれらの過程の適否をチェックすることだとしており、女性の代理人弁護士は「公権力を救済するようなやり方を持ち出すのは、時代遅れも甚だしい」と大阪高裁判決を批判した。

(2) 二件の認定義務付け訴訟で最高裁判決

公健法上の水俣病を感覚障害だけで認めるべきかどうか、高裁レベルで判断が分かれる中、最高裁第三小法廷は二〇一三年三月、統一判断を示すため、二件の認定義務付け訴訟について上告審の口頭弁論を開いた。判決は同年四月。寺田逸郎裁判長は、両手足先の感覚障害だけでも患者認定できると判断した。溝口さんの裁判については熊本県の上告を棄却。大阪府豊中市の女性の裁判は、女性が逆転敗訴した二審判決を破棄し、大阪高裁に差し戻した。

争点となった国の認定基準について、最高裁判決は「多くの申請に迅速かつ適切な判断をするため」という目的に限って合理性を認める一方、複数症状の組み合わせが認められない場合であっても「証拠を総合的に検討した上で、個別具体的な判断で水俣病と認定する余地を排除すべきではない」と指摘。複数症状の組み合わせを基本要件とする五二年判断条件に依拠した認定基準の硬直的な運用に警鐘を鳴らしたほか、「感覚障害のみの水俣病が存在しないという科学的実証はない」とも言い切った。判決は知事による患者認定の在り方にも言及。「個々の病状の医学的判断のみならず、原因物質の暴露歴や疫学的な知見や調査結果を十分考慮した上で総合的に行われる必要がある」「（患者認定は）水俣病り患の有無という客観的事実を確認する行為であり、行政の裁量に委ねられる性質のものではない」とし、「全証拠を総合検討して判断すべきだ」とした福岡高裁の考え方を支持した。

最高裁判決後、蒲島知事は溝口秋生さんに謝罪し、母チエさんを水俣病患者と認定。大阪府豊中市の女性が起こした訴訟は熊本県の控訴取り下げにより一審大阪地裁判決が確定し、知事はこの女性も患者認定した。

国や熊本県は複数症状の組み合わせがある人を公健法上の「水俣病患者」とし、患者と認定された人だけが補償対象となってきた。その一方で、感覚障害しか確認されない人は特措法上の「水俣病被害者」と位置付け、より低額の救済対象としてきた。最高裁判決は門戸の狭い患者認定を諦めて特措法による救済に応じた人たちの中に、本来は患者と認定されるべきだった人がいた可能性を示した。

熊本大の富樫貞夫名誉教授（環境法）は判決を受け、「水俣病の認定問題はこの判決をきっかけに出発点に戻って、仕切り直しを求められているといっても過言ではないであろう」と指摘した。

（3）それでも「認定基準は否定されていない」

水俣病関西訴訟の最高裁判決は感覚障害だけで損害賠償を命じたものの、被害として認めたのは公健法上の水俣病ではなく「メチル水銀中毒症」だった。一方、二件の認定義務付け訴訟を巡る最高裁判決は公健法上の水俣病かどうか、すなわち認定基準の妥当性を争ったが、環境省はそれでも「判決で認定基準は否定されていない」（南川秀樹事務次官）と強調。基準そのものは見直さず、感覚障害だけで認定するための基準運用の在り方を新たに通知した（資料⑧）。この新通知は汚染魚の摂取状況や症状、その因果関係を検討することとし、その上で汚染魚の入手方法や体内の水銀濃度、居住歴、家族歴、職業歴を確認するとした。客観的資料による裏付けも求めたため、被害者側は救済の幅を狭める恐れがあるとして反発した。

摂取時期と発症時期の間隔については、一九九一年の中央公害対策審議会答申を基に「通常一カ月程度、長くても一年程度まで」と明記。新潟水俣病患者の診察や治療を長く続ける斎藤恒・木戸病院名誉院長は「医学的根拠は全くない。暴露からかなり時間が経過した後に発症する例はたくさんある」と批判した。

これ以降、各県は新通知に沿って認定審査を進めた。審査結果が発表されるたびに、熊本県は「新通知を踏まえて審査した」と強調している。しかし、内容については「プライバシー保護」を理由に一切明らかにしておらず、最高裁判決が重視した「総合検討」が認定審査でなされているのかどうか、第三者が検証できない状態が続いている。

8　特措法の今日的課題

(1) 新たな集団訴訟

特措法に基づく救済制度の判定結果を不服とする水俣病不知火患者会の会員四八人は二〇一三年六月、新たな集団訴訟を熊本地裁に提起した。国と熊本県、チッソに一人当たり四五〇万円を請求。このうち三二人は、救済対象とする地域や年代の線引きから外れており、原告側はこの線引きが不当だとあらためて訴えた。原告側は追加提訴や県外での提訴を重ね、二〇一九年七月現在の原告数は熊本、東京、大阪の三地裁で計約一七〇〇人に上っている。対象地域外の原告が被害を受けた背景として、原告側は行商人によって遠隔地まで汚染魚が運ばれたことなどを挙げた。

(2) チッソ分社化を巡る現状

チッソ分社化を巡っては、事業会社として設立されたＪＮＣの株式がいつ売却されるかが焦点となっている。特措法一三条は「事業会社の株式の譲渡は、救済の終了及び市況の好転まで、暫時凍結する」と規定。二〇一八年五月、患者認定の申請や裁判が続く中、チッソの後藤舜吉社長が「(救済は)私としては終わっている」と発言して被害者団体の反発を招き、発言撤回に追い込まれた。

後藤氏の後任となった木庭竜一社長は二〇一九年六月、大阪市で開いた株主総会後、報道陣の取材に対して「（救済が）終わっていないから環境相は（株式の）売却を承認しないと思っている」「われわれは終わったと言える立場にはない。環境相に（判断を）お任せするしかない」と語った。

分社化に関して押さえておきたいのは、特措法に基づいてチッソが作成し、環境大臣が認可した事業再編計画が絵に描いた餅に終わった点だ。計画期間は二〇一〇～一四年度。チッソは、JNCを核とする経常利益が一四年度には二八〇億円に上ると見込んだほか、最重点地区と位置付けた水俣の従業員を一一七〇人、水俣地区に対する設備投資は五年間で二八〇億円と想定していた。しかし、いずれも計画期間内に達成できず、二〇一九年三月期の連結決算に至っては経常損益が過去最大となる一三億九一〇〇万円の赤字になった。景気減速や円高基調などの外的要因があったかもしれない。ただ、それを差し引いたとしても、計画を作成したチッソとその計画を認可した環境省に見通しの甘さはなかったのだろうか。チッソ水俣工場第一組合元委員長の岡本さんはチッソの得意分野だった液晶が有機ELに取って代わりつつある点を踏まえ、「JNCには旧技術しかない」と指摘。「チッソの業績は落ち、株式売却の要件は整わないのではないか」とみる。チッソは二〇一九年八月、液晶パネル用の電子部品製造を担っていたJNC傘下のサン・エレクトロニクス（水俣市）の生産を二〇二〇年三月末までに終え、工場を閉鎖する方針を公表した。中国メーカーの参入によってパネル価格が下落し続け、収益確保が困難と判断したという。

（3）進まない健康調査

「水俣病の被害がどこまで広がったのか分からないのは、きちんとした健康調査がなされていないからだ」という指摘はこれまで何度もなされてきた。二〇〇四年の水俣病関西訴訟最高裁判決後、熊本県は独自の対策案を打ち出し、不知火海沿岸住民の健康調査を共同で実施するよう環境省に求めた。対象者は沿岸地域に居住歴のある約四七万人。約九億円の費用を見込んだ。ところが、環境省は全住民を対象とした調査の実効性を疑問視し、難色を示した。県は環境省の理解を得るため、調査の在り方を探る検討委員会を設置した。メンバーは座長の二塚信・九州看護福祉大学長をはじめ、医学や社会学の専門家ら五人。検討委は千人単位のモデル地域をいくつか決め、住民の健康状態を調べる手法を盛り込んだ報告書をまとめたが、環境省は消極的な姿勢を崩さず、健康調査は今なお実現していない。最高裁判決後、共産党や社民党も健康調査に着手するよう環境省に申し入れている。

一方、特措法には「調査研究」に関する条項が盛り込まれた。特措法成立前の与野党協議で、自民・公明両党の与党案にはなかったが、当時の民主党の案の一部を採用。ただ、「国は調査結果を踏まえ、被害救済で必要な措置を講ずる」との表現は削除された。

成案となった特措法三七条は、政府は不知火海周辺に居住していた人の健康に関する調査研究や、メチル水銀が人の健康に与える影響と高度な治療に関する調査研究を「積極的かつ速やかに行い、結果を公表する」と規定。被害者団体がこの規定に基づく調査の実施を再三求めているにもかかわらず、国は「調査の（前段階となる）手法を開発中」と繰り返している。

9　おわりに

「救済とは施しなのです。被害者は損害を受けたのだから、これからは補償という言葉を使ってください」。二〇一〇年三月、水俣市を訪れた小沢鋭仁環境大臣に被害者団体の幹部が訴えた。小沢氏は、こう答えた。「特措法は、個々の被害者の因果関係を全部確定させるものではない。救済という言葉を使ってはいるが、施しのつもりはない」

水俣病特別措置法の本質をよく表しているやりとりであると感じた。小沢氏も認めているが、特措法に基づく救済は加害・被害の因果関係に基づく補償ではなかった。政治による紛争解決だった。救済対象は「被害者」と位置付け、公健法上の「患者」と区別。特措法前文には二〇〇四年の水俣病関西訴訟最高裁判決を踏まえ、「政府としてその責任を認め、おわびをしなければならない」と明記されたものの、最高裁判決が認めた病像や行政責任が特措法の中身に反映されることはなかった。それどころか、二〇一三年の最高裁判決が「感覚障害だけの水俣病」を認めても、国は立ち止まることなく特措法に基づく手続きを淡々と進めた。

二〇一九年七月、特措法が参院で可決、成立してから丸一〇年となった。この間、特措法に基づく被害者救済には一応の区切りがついたが、チッソ分社化は現在進行形で進んでいる。

資料①

「水俣病に関する特別措置法案」特に分社化、地域指定解除についての声明

与党が今国会に上程した「水俣病被害者の救済及び水俣病問題の最終解決に関する特別措置法案」（法案）は驚くべき内容であり、永年にわたって被害をこうむってきた私たち水俣病被害者にとって、とうてい看過できないものです。

一言で言えば法案は、加害者を救済するための免責法案であり、被害者救済はとってつけたものと言えます。法案の最大の眼目は、分社化によりチッソが水俣病から逃げ出すことを許すものであり、水俣ならびにその周辺地域、水俣病被害者を切り捨てることにつながります。私たちは分社化に断固反対します。

また健康被害、環境被害実態の調査もなく、水俣病像についての徹底した議論も行わずに地域指定解除を先行させることは、決して許されることではありません。潜在患者が名乗り出る道を閉ざす地域指定解除は、国、熊本県が被害者救済責任を放棄することを許すものです。私たちは拙速に地域指定解除を条文化することに断固反対します。

一九九五年政治解決の不十分さは、二〇〇四年最高裁判決以降の認定申請者、保健手帳取得者が短期間に三万人を超えるという驚くべき数字にはっきりと表れています。法案はこの事実に向き合うことなく、水俣病五〇年余の歴史と教訓に学ばず、強引に水俣病事件に幕引きを図ろうとしているのです。困窮する未救済被害者の足元を見透かすかのように、法案に加害者の利益を最大限に盛り込むとは、法案作成者の道徳心の

欠如が疑われます。

私たちはこの法案があまりにも多くの問題を抱え、いまだに救済されていない水俣病被害者が救われ、補償される道を閉ざす結果に至ることを強く懸念します。

私たちは上記のような危惧を共有するものであり、ここに分社化と地域指定解除の撤回を求めるとともに、加害者救済策を柱とする倒錯した法案を根底から再検討することを強く要求し、声明とします。

平成二一年三月二五日

水俣病互助会　会長　諫山茂
チッソ水俣病患者連盟　委員長　松崎忠男
水俣病被害者の会　会長　森葭雄
水俣病不知火患者会　会長　大石利生
水俣病被害者互助会　会長　佐藤英樹
水俣病患者連合　会長　佐々木清登
水俣病被害者の会全国連絡会　幹事長　橋口三郎
水俣病患者の会　会長　濱元二徳
新潟水俣病被害者の会　副会長　小武節子
新潟水俣病阿賀野患者会　会長　山﨑昭正

水俣病・東海の会　　　　会　長　國崎イネ子

資料②

水俣病被害者の救済及び水俣病問題の解決に関する特別措置法の主な内容

第一　前文

水俣病は、八代海の沿岸地域及び阿賀野川の下流地域において、甚大な健康被害と環境汚染をもたらすとともに、地域社会に深刻な影響を及ぼした。水俣病が未曾有の公害とされ、我が国における公害問題の原点とされるゆえんである。

水俣病の被害に関しては、公害健康被害補償法の認定を受けた方々に補償が行われてきたが、被害についての無理解が生まれ、地域社会に不幸な亀裂がもたらされた。

平成十六年の関西訴訟最高裁判決で国及び熊本県が長期間にわたって適切な対応をなすことができず、水俣病の被害の拡大を防止できなかったことについて責任を認められた。政府としてその責任を認め、おわびしなければならない。

平成七年の政治解決等により紛争の解決が図られてきたが、最高裁判決を機に、新たに水俣病問題をめぐって多くの方々が救済を求め、解決には長期間を要することが見込まれている。こうした事態を看過することはできず、公健法に基づく判断条件を満たさないものの救済を必要とする方々を水俣病被害者として受け止め、救済を図る。これにより、地域における紛争を終結させ、水俣病問題の最終解決を図る。

第二　総則

一　目的

この法律は、水俣病被害者を救済し、及び水俣病問題の最終解決をすることとし、これらに必要な補償の確保等のための事業者の経営形態の見直しに係る措置等を定めることを目的とする。

二　定義（略）

三　原則及び責務

1　この法律による救済及び水俣病問題の解決は、継続補償受給者等に対する補償が確実に行われること、救済を受けるべき人々があたう限りすべて救済されること及び関係事業者が救済に係る費用の負担について責任を果たすとともに地域経済に貢献することを旨とする。

2（略）

第三　救済の方針等

一　救済方針の決定

政府は、関係県の意見を聴いて、過去にメチル水銀のばく露を受けた可能性があり、かつ、四肢末梢《まっしょう》優位の感覚障害を有する者及び全身性の感覚障害を有する者その他の四肢末梢優位の感覚障害を有する者に準ずる者を早期に救済するため、一時金、療養費及び療養手当の支給に関する方針（以下「方針」という）を定め、公表する。同方針には救済措置の対象とならない者、四肢末梢優位の感覚障害を有する者に準ずる者かどうかについて、口の周囲の触覚若しくは痛覚の感覚障害、舌の二点識別覚の障害又は求心性視野狭窄《きょうさく》の所見を考慮するための取扱いに関する事項及び費用の負担その他必要な措置に関する事項等を定める。

二　一時金の支給

一時金については、関係事業者の同意を得て、関係事業者がその支給を行う。

三　支給事務の委託（略）

四　水俣病被害者手帳

政府は、方針において、関係県が水俣病にも見られる神経症状に係る医療を確保するためこの法律の施行の際に現にその医療に係る措置を要するとされている者に対して交付する水俣病被害者手帳に関する事項を定める。

第四　水俣病問題の解決に向けた取組等

一　政府、関係県及び関係事業者は、相互に連携を図りながら、水俣病問題の解決に向けて次に掲げる事項に早期に取り組まなければならない。

1　救済措置の実施

2　水俣病に係る認定等の申請に対する処分の促進

3　水俣病に係る紛争の解決

4　水俣病に係る新規認定等の終了

二　政府、関係県及び関係事業者は、救済措置の開始後三年以内を目途に救済措置の対象者を確定し、速やかに支給を行うよう努めなければならない。

三　政府及び関係県は、救済措置及び解決に向けた取組の周知に努める。
第五　公的支援を受けている関係事業者の経営形態の見直し
一　事業再編計画
1　環境大臣は、公的支援を受けかつ債務超過である関係事業者が一時金を支給する場合において、必要があると認める場合には、当該関係事業者を特定事業者に指定する。
2　特定事業者は、個別補償協定の給付を将来にわたり確保するための事業再編計画を作成し、環境大臣の認可を受ける。
3（略）
4　事業会社の事業計画が、特定事業者の事業所が所在する地域における事業の継続等により当該地域の経済の振興及び雇用の確保に資するものであること等の認可に当たって必要となる要件を定める。
二　事業譲渡に関する特例等
特定事業者がその財産をもって債務を完済することができないときは、会社法第四百四十七条第一項並びに第四百六十七条第一項第一号及び第二号の規定にかかわらず、事業再編計画に従って行う事業譲渡及び資本金の額の減少を裁判所の許可を得て行うことができる（以下略）。
三　事業会社の株式の譲渡
特定事業者は、事業会社の株式を譲渡するときには、環境大臣の承認を得なければならない（以下略）。
四　事業会社の株式譲渡の暫時凍結
事業会社の株式譲渡は、救済の終了及び市況の好転まで、暫時凍結する。

五　特定事業者に対する監督等

１　特定事業者の監督に関する規定を設ける。

２　詐害行為取消権等の特例を設ける。

第六　基金

一　補償支給業務に関する基金

１　環境大臣が指定する法人に補償支給業務に関する基金を設置する（特定事業者から法人が徴収した金額を充当）。

２　法人は、将来にわたる補償支給業務に必要な金額を特定事業者から徴収する。

二　監督規定（略）

第七　雑則

一　課税等の特例

特定事業者に対する法人税等の特例を設ける。

二　特定事業者に対する支援の実施等

環境大臣及び関係県は、特定事業者が一時金の支給を円滑に行うことができるよう、支援について所要の措置を講ずるとともに、環境大臣は、関係金融機関等に対して支援の継続を要請する。

三　地域の振興等

政府及び関係地方公共団体は、必要に応じ、特定事業者の事業所が所在する地域において事業会社が事業を継続すること等により地域の振興及び雇用の確保が図られるよう努める。

四　健康増進事業の実施等
政府及び関係者は、指定地域及びその周辺の地域において、地域住民の健康の増進及び健康上の不安の解消を図るための事業、地域社会の絆《きずな》の修復を図るための事業等に取り組むよう努める。
五　調査研究
政府は、指定地域及びその周辺の地域に居住していた者の健康に係る調査研究その他メチル水銀が健康に与える影響及びこれによる症状の高度な治療に関する調査研究を積極的かつ速やかに行い、その結果を公表する（以下略）。

資料③

チッソが社内報「オールチッソ」に掲載した後藤舜吉会長の年頭所感（要旨）

▽今年は待望久しい分社化元年。会社は水俣病特別措置法に従い、およそ三年で水俣病の最終解決を図ると同時に、分社化で一挙に再生を果たす方針だ。今年はその第一段階。現チッソの事業をすべて引き継ぐ一〇〇パーセント子会社（新チッソ）の設立と営業開始を実現する。
▽環境省が立案中の救済措置方針が決定すれば、すぐ分社化の手続きに入る。営業開始は一〇月一日を目標に体制を整える。

▽新チッソは水俣病の債務は負わない。約五〇〇億円の純資産を持ち、連結経常利益の現状約二〇〇億円がほとんどそのまま最終利益となる。そのため信用が格段に向上し、取引活性化や人材確保に役立つ。水俣病の桎梏《しっこく》から解放されることで経営は安定し、社員のモラールも向上すると期待する。

▽分社化はすべての関係者に有益。認定患者の補償金は常に最優先で確保する。今回の救済対象者も新チッソの上場による原資で、はじめて一時金受給が可能となる。地域経済の安定・向上がもたらされ、国、県にとっては公的融資の早期回収が可能となる。

▽三年後を見据え、収益力の最大化に取り組まねばならない。新会社上場でチッソ再生は一応果たされるが、将来の患者補償金積み立てに加え、公的負債や金融支援負債の返済まで責任を完遂しなくては真の自立・再生とは言えないからだ。自立後の新チッソは、資本市場などの新しい世界に入っていける。

資料④

水俣病不知火患者会訴訟の和解所見（要旨）

【対象者判定】原告と被告が設置する「第三者委員会」で実施。判定は「共通診断書」と「第三者診断結果書」に基づき、被告が提出した「対象者の判定について」「暴露を受けた可能性のある者と『対象地域』の関係について」「一九六九年以降に生まれた者の取り扱いについて」に関する資料で行う。その他の事項は第三者委の運営協議会で協議する。

【支給内容】一時金は一人当たり二一〇万円で、チッソが原告団に一括支給。療養手当は入院治療を受けた人が月額一万七七〇〇円、通院治療した七〇歳以上が一万五九〇〇円、七〇歳未満は一万二九〇〇円。国と熊本、鹿児島両県が支払う。一時金への加算金は二九億五千万円で、チッソが支給。対象者の医療費の自己負担分を、国と両県が設ける被害者手帳制度で支給する。

【責任とおわび】チッソは責任とおわびの具体的な表明方法を検討する。国と熊本県は水俣病特別措置法前文に掲げる責任とおわびについて再度深く受け止め、具体的な表明方法を検討する。

【紛争解決】原告全員の判定が終了したときは、速やかに和解を成立させる。年内をめどに解決が終了するよう努力する。

資料⑤

水俣病特別措置法に基づく救済措置方針（要旨）

▽一時金一人当たり二一〇万円、療養手当月額一万二九〇〇～一万七七〇〇円、医療費の自己負担分を支給
▽申請者は公的診断書が必要だが、民間診断書の提出も認め、各県が設置する判定検討会で、二つを総合

的に判断して判定

▽手足の先ほどしびれが強い「四肢末梢《まっしょう》優位の感覚障害」か全身の感覚障害などが認められる被害者が対象。口の触覚・痛覚障害などの症状も救済対象として考慮する

▽対象年齢は、熊本、鹿児島両県で六八年末、新潟県で六五年末までの生まれ。メチル水銀が母体経由で入った翌年一一月末までに生まれた被害者についても対象

▽一時金の対象外でも、水俣病にも見られる症状が認められた場合、医療費の自己負担が不要となる被害者手帳を交付

▽認定申請者と新保健手帳所持者は二〇一〇年度中に申請と判定を終了。新規申請は終了時期を明示せず、一一年末時点の申請状況をみて期間を決める

資料⑥

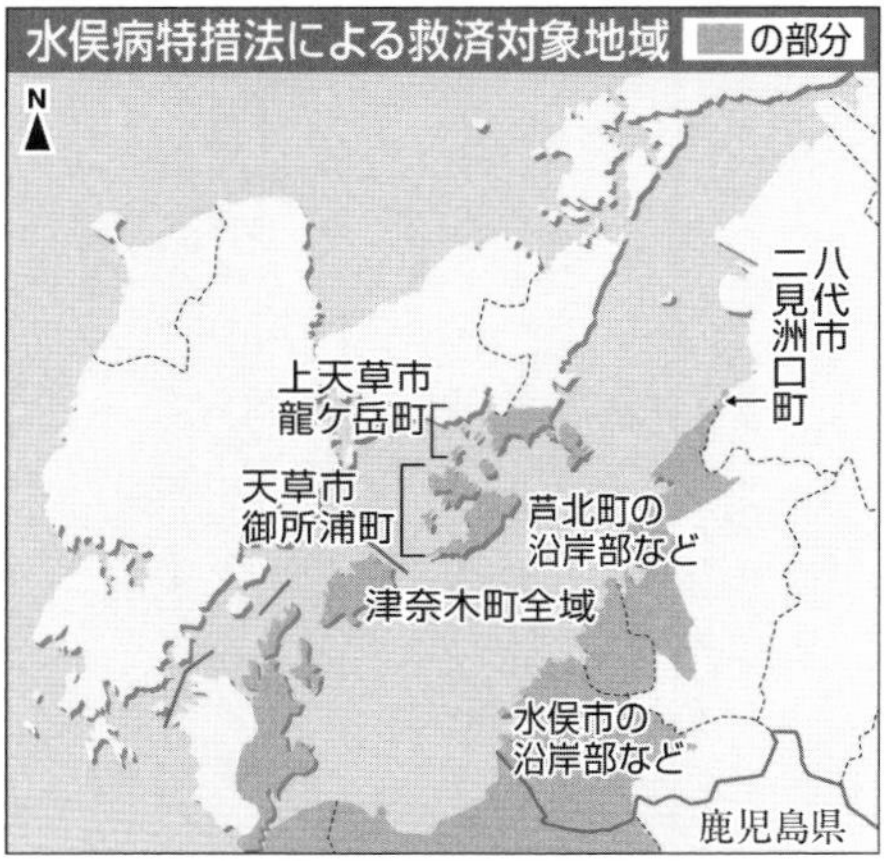

（熊本日日新聞社提供）

資料⑦

水俣病特措法に基づく救済の判定結果（単位：人）

	①一時金対象該当者数	②療養費対象該当者数	③①②のいずれにも該当しなかった数	④合計（①＋②＋③）	水俣病被害者手帳への切り替え者数
熊本県	一九三〇六	三五一〇	五一四四	二七九六〇	一四七九七
鹿児島県	一一一二七	二四一八	四四二八	一七九七三	一九九八
新潟県	一八一六	一四三	一二〇	二〇七九	二九
三県合計	三二二四九	六〇七一	九六九二	四八〇一二	一六八二四

資料⑧

環境省が熊本県などに示した水俣病認定基準の新通知（要旨）

一、旧環境庁が一九七七年に示した判断条件は「水俣病の判断は総合的に検討する必要がある」としており、二〇一三年四月の最高裁判決も「感覚障害のみの水俣病が存在しないという科学的な実証はない」としている。七七年判断条件に示された症状の組み合わせが認められない場合でも、有機水銀の摂取状況や症状、両者の因果関係を総合的に検討して水俣病と認定することができる。

一、水銀の摂取状況については、摂取時期や食生活、汚染された魚介類の入手方法などを確認する。

一、その上で、①汚染当時の頭髪、血液、尿、へその緒などによる体内の有機水銀濃度　②水銀摂取時期に住んでいた地域の水俣病発生状況　③同居していた家族の水俣病認定状況　④漁業など魚介類を多食しやすい職業への従事歴―を確認する。

一、確認に当たっては、水俣湾周辺地域では一九六九年以降、水俣病が発生するレベルの水銀汚染はなかったとされている点にも留意する。

一、水銀摂取と症状との因果関係については、発症時期が水銀摂取後一カ月から一年程度であれば、因果関係が認められる蓋然性《がいぜん》が高い。ただ、摂取がなくなってから症状が把握されるまで、さらに数年を要した例もある。

一、水銀摂取などの確認は、できる限り客観的資料で裏付けされる必要がある。漁業許可証など公的文書以外でも、適切な手法で得られ、具体的な情報が記録されているものであれば、客観的資料として扱う。

一、審査に必要な検診を終えないまま死亡した場合は、七七年判断条件に基づき、診断書を作成した医師や受診歴のある医療機関などから医学的資料を広く収集し、総合的に検討する。

一、これまで七七年判断条件に基づかない認定審査が行われてきたといえる特段の事情はなく、過去の棄却処分については再審査する必要はない。

一、通知に沿って認定審査をしていく中で、解釈に疑義が生じた場合には環境省に照会してほしい。

関連年表

一九九五年　一二月一五日　行政認定されていない被害者を救済する政府解決策を最終決定。一万一一五二人（熊本、鹿児島、新潟の三県合計）を一時金二六〇万円の支給対象にするなどした。国賠訴訟は関西訴訟を除き全て取り下げられた

二〇〇一年　四月二七日　関西訴訟で二審判決。大阪高裁は国と熊本県に責任があったとしたほか、感覚障害だけでメチル水銀による被害を認める

二〇〇四年　一〇月一五日　関西訴訟で最高裁判決。二審判決を支持、国と熊本県の責任が確定

二〇〇五年　一〇月　水俣病不知火患者会が国と熊本県、チッソに損害賠償を求める訴訟を熊本地裁に提起（三日）。最高裁判決を受けて、医療費の自己負担分を補助する新保健手帳の申請受け付け始まる（一三日）

二〇〇六年　六月一日　与党プロジェクトチームが第二の政治決着の検討を開始することで一致

二〇〇九年　七月八日　行政認定されない被害者の救済とチッソ分社化を認める水俣病特別措置法が成立

二〇一〇年　四月一六日　特措法に基づく救済措置方針を閣議決定。対象者に二一〇万円の一時金など

二〇一〇年　一二月一五日　環境省が特措法に基づきチッソの事業再編計画を認可

二〇一一年　一月一二日　特措法の分社化規定に基づきチッソが事業会社「ＪＮＣ」を設立

二〇一一年　三月　水俣病不知火患者会の集団訴訟を巡る和解が三地裁で成立（東京二四日、熊本二五日、大阪二八日）。熊本地裁の和解所見に基づき二一〇万円の一時金が支払われた原告は熊本地裁二三一三人、大阪地裁二八二人、東京地裁一七七人。非訴訟派三団体はチッソと紛争終結の協定締結（二三日）。締結時の会員数は水俣病出水の会三七八二人、水俣病被害者芦北の会二九四人、水俣病被害者獅子島の会八八人。団体加算金は水俣病不知火患者会と水俣病出水の会にそれぞれ二九億五千万

判決は「不当」として取り消した。

二〇一二年　円、水俣病被害者芦北の会に一億六千万円、水俣病被害者獅子島の会に四千万円
七月三一日　熊本、鹿児島、新潟の三県が、特措法に基づく被害者救済の申請受け付けを締め切る。救済申請者数の確定値は手帳切り替えのみの申請も含め、三県を合わせて六万四八三六人。最終的な一時金該当者は三県で計三万二二四九人

二〇一三年　四月一六日　患者認定を争う二件の行政訴訟の上告審判決で最高裁は、感覚障害しか確認されなくても水俣病患者と認定できるとの判断。熊本県は最終的に二人を水俣病と認定した

二〇二〇年　三月一三日　胎児性患者や小児性患者と世代が重なる水俣病被害者互助会の八人が国と熊本県、原因企業チッソに総額三億一千万円の損害賠償を求めた訴訟の控訴審判決で、福岡高裁は原告全員について「水俣病のり患は認められない」として請求を棄却した。八人のうち三人を水俣病と認め、賠償を命じた一審

Ⅲ　水俣湾埋立地と熊本地震

東島　大

1　はじめに

二〇一六年四月一四日と一六日、熊本県を震源とするマグニチュード6・5と7・3の大地震が発生した。この地震の特徴は、最初の地震から三〇時間足らず後に更に規模の大きな本震がほぼ同じ場所に発生するという近現代に観測された大地震の中では珍しいタイプだった点が挙げられる（※1）。

この結果、住宅など建築物へのダメージが大きくなり、熊本県内で全壊した住居は八六五七棟、半壊は三万四四九一棟、一部破損が一五万五〇九五棟に及んだ。さらに、東日本大震災後に耐震基準が厳しく見直されたはずの公共建築物も四六七棟が被災した。また、地滑りが一〇件、崖崩れも九八件発生、河川の堤防などへの被害も四四河川で三一八か所発生した（※2）。

このように、世界でトップクラスといわれるほどに耐震対策が進み、地震の揺れそのものによる直接被害が相当程度避けられるようになった日本にあっては、まれにみる被害を生んだと言える。

一方、熊本県には世界でも最大級と目される水銀サイトが存在している。水俣市の水俣湾埋立地だ。水俣病の原因となったメチル水銀を含む膨大なヘドロを集めた上に防水・防砂シートを敷き、その上から土砂で埋め立てたこの巨大な産廃処分場の完成は一九九〇年であり、当然耐震対策は施されていない。竣工当時の耐用年数は五〇年。すでに半分を過ぎ、今後の安全性についての議論が一旦沙汰止みとなっていたところに熊本地震は起きた。

水俣湾埋立地に熊本地震の影響はあったのか。
水俣湾埋立地は現在の埋め立て港湾の耐震基準と比べて安全といえるのか。
水俣湾埋立地は適正な管理のもとに置かれているのか。
本稿ではこの三点について論考する。

2では、水俣湾埋立地の施工前から竣工までを振り返り、その工事の特異性・類例のなさについて検証する。

3では、埋立地の完成後の管理状況や、特に阪神淡路大震災を受けて大きく改訂されることになった港湾施設の耐震化との関係について検証する。

4と5では熊本地震が発生し現在に至るまでの埋立地が置かれた状況について検証と考察を行う。

なお、水俣川河口に位置し、一九五八年からチッソ工場の排水が変更された「八幡残渣プール」についても埋立地同様にそのリスクについて検証が必要と思われるが、熊本地震発生後も「八幡残渣プール」の公的な検証は行われていない。このため今回については、熊本地震後の「行政による検証を検証する」という本稿の目的からは外れるので対象とはしない。

2　水俣湾埋立地

1　施工まで

水俣病の原因がチッソの排水にあると政府が認めたのは一九六八年九月二六日。一九五六年五月一日の公式確認から一二年後だった。その間に排出され続けたメチル水銀を含むヘドロは水俣湾とその周辺に堆積し続けた。懸案となっていたこのヘドロ対策について国は、一九七三年に環境庁が定めた「水銀を含む底質の暫定除去基準」に基づいて総水銀濃度二五ppm以上の汚泥を浚渫し、湾奥に埋立地を造ってその中に封じ込めることを決定した。翌一九七四年には、環境庁長官、運輸相、熊本県知事の三者間で埋め立てについての基本合意がなされた。事業主体は熊本県で、運輸省が施工を担当した。

2　ヘドロ浚渫

▽浚渫

水俣湾の浚渫・埋立工事（水俣湾公害防止対策事業）は一九七七年一〇月に着工したが、ヘドロ浚渫によって水銀が巻き上げられメチル水銀が拡散する可能性が指摘され、事業開始から二か月後に工事差し止めを求める仮処分申請が行われた。工事が再開されたのは三年後の一九八〇年六月で、工事は事実上ここからがスタートとなる。

ヘドロの浚渫にあたっては学識経験者や行政、住民などからなる「水俣湾等公害防止事業監視委員会」（以下、監視委員会）が設置された。

この監視委員会でまず問題になったのは、水銀ヘドロをどこまで浚渫するかという点だった。先例となった山口県の徳山湾では浚渫の対象となる濃度が一〇ppm以上だったのにもかかわらず、水俣湾では二五ppm以上の汚泥を浚渫するという方針が示された。これについて当時監視委員会の会長を務めていた熊本大学の中島重旗は「私は、水銀濃度による除去基準よりもむしろ水銀総量による方が正しいのではないか、浚渫した後、湾内の汚泥の水銀総量はいくらになり、湾外へどれくらい流出拡散するかの物質収支を主張したが、結局、環境庁の浚渫基準二五ppmになった」「浚渫量が多くなると工事費に影響するので、二五ppmでの線引きで決着した」と述べ、よりコストダウンを意識した決着だったという見解を示している（※3）。

さらに、浚渫による水銀ヘドロの拡散のおそれについて中島は「海底汚泥に蛍光染料を付けてその移動量の測定を提案した」が採用されず、「水銀汚泥の流出拡散については、相当気にしていたが実証しなかった」とも述べている。

▽仕切り網・音響装置

水俣湾の仕切り網は一九七四年一月に設置され、その効果は監視委員会でも検討された。網を設置できない船舶の出入り口には魚の嫌う音波を発信する音響魚道制御装置を設置した。

この効果について前出の中島は、監視委員会では「否定的」であったが「効果の有無は各委員がそれぞれに判断するとして、仕切網で工事区域を一般海域と区別するため必要という県事務局の説明を了解した」としている（※3）。

また興味深いのは「監視委員会としては、その後も金額の嵩む仕切網の維持費は、網だけで区切り、水俣病被害者補償のために利用すべきだとの意見も出たが監視業務が目的ということで、立ち消えになった」「爆薬を仕掛けて現存量を一網打尽に捕獲して、仕切網を撤去することも議論されたが、環境破壊で批難《（ママ）》されるとあって、沙汰止みになった。結局、網の効果を実証研究してこなかったつけが廻ってきた。いろんな問題が裁判で争われていたので、進んで研究をしようという人が現れなかったのは残念だ。大事業であり、社会問題であるので、相当な科学的研究業績が残っていても良いと思うがあまりない。裁判への関わりを気にしたことは事実である。行政の担当者からはテーマがあれば申し出るように言われたが難しかった」と、混迷する当時の議論を率直に振り返っている点である。

結局、水銀ヘドロの浚渫は一九八八年に水俣湾と丸島漁港で底泥の水銀濃度が除去基準値以下になったことを確認して一九九三年三月に監視委員会が解散した。

▽浚渫工事

ヘドロの浚渫にあたり熊本県が想定した水銀ヘドロは、広さは水俣湾内の二〇九万平方メートル、体積では一五一万立方メートルにのぼった（※4）。

これらのヘドロを浚渫するために用いられたのは、カッターレス浚渫船と呼ばれる作業船である。これは吸入管を海底に設置し、ジェット水流で土砂を崩して吸い上げるもので（前出の中島は「電気掃除機のよう」と表現している）、ヘドロを巻き上げない慎重な作業が可能とされ、実際、機雷の設置海域でも用いられている。

しかし一九八三年一一月当時、国内にはカッターレス浚渫船が一二隻程度存在したものの、そのほとんどが浚渫可能な深さや排送距離など水俣湾埋立工事に要求された能力を満たしていなかったという。このためこれらの在来船を水俣湾埋立工事のために改造した結果、ようやく四隻を工事に投入することが出来たとしている。また、こうした浚渫船の能力にあわせて当初予定していた工事に妥協が迫られることになったという記述が当時の工事を総括した論文の随所に見られ、これらのことからも水俣湾埋立工事がいかに類例のない工事だったかがわかる（※4）。

3　護岸工事

水俣湾埋立工事において護岸工事は浚渫工事と一体的に行われたが、本稿ではその後の耐震能力について検討を必要とするため、別項に分けて記述する。

▽工法

護岸

護岸には濁りの防止、止水性の確保、急速施工の必要性から鋼矢板セル工法が採用された。

鋼矢板セル工法は、あらかじめ円形に組み立てた鋼板（プレハブ）を現場の海域まで曳航し、起重機船で一気に海中の地盤に必要な深さまで打ち込むもので、海洋土木では一般的な工法である。

特徴としては「現場における必要最小限の加工作業も簡易で、大型機械を使用した一括施工が可能なため海上での作業時間も短時間で済む。さらに現場の気象条件の変化にも素早く対応できることから全体の工期も短縮できる。こうした急速施工と合わせて、事前の地盤改良も不要あるいは簡易な施工で済むことからトータルコストの低減も期待できる。また海底の支持層に達するまで確実に根入れすることにより安定性も確保、セルとアーク部の中詰、継手処理を行うことによって非常に高い遮水性を得ることができることから海上に

建設される廃棄物処分場の護岸としても十分にその機能を果たすことができる」となっている（※5）

地盤

地盤改良に採用されたのは、係船岸部ではサンドコンパクションパイル工法、護岸部ではサンドドレーン工法である。

サンドコンパクション工法とは軟弱地盤の改良のため砂杭を打ち込む工法、サンドドレーン工法は軟弱地盤から水分を抜く工法で、いずれも軟弱地盤での大規模工事で用いられ、現在問題になっている沖縄県辺野古への米軍基地移設をめぐる地盤改良工事でも用いられているものである。ただ当時は、サンドコンパクション改良地盤への鋼矢板セルの打ち込みは国内では実績がなく、熊本県は他の港で試験を行った上で水俣湾での工事を行った（※4）ため、工法としてその効果や安全性が当時の段階で確立していたとは言い難い。

さらに水俣湾では潮位差が三・七五メートルもあり、護岸の開口部付近では特に海水の流入によるヘドロの汚濁が心配された（※4）。

覆土工事

埋立工事では通常、最終的に山土などで覆ってしまう覆土工事が行われる。しかし水俣湾埋立地の場合、浚渫されたヘドロは含水率が高く極めて軟弱なため、直接覆土工事を行うのは不可能だった。

このため、まず浚渫したヘドロの上に防水・防砂シートを敷き詰め、さらにきめの細かい火山灰土（シラス）を八〇センチの厚さに捲いて水を抜き、その上から山土で覆土するという工事になった（※4）。

4　竣工

水俣湾埋立地の竣工は一九九〇年三月。二八ヘクタール、東京ドーム一三個分にあたる土地が出現した。この時の水俣湾底質の最高総水銀濃度は一二・〇ppm、最低〇・〇六ppm、平均水銀濃度は四・九ppmだった（※4）。

一方、封じ込められたヘドロの総水銀濃度は二〇〇〜五〇〇ppmに上る（※3）。

3　埋立地のその後

1　管理体制

水俣湾埋立地の維持管理は、施工主体である熊本県が「水俣湾公害防止事業埋立地管理要綱」に基づいて担当し、水俣湾内の水質、底質、埋立地周辺の地下水、魚介類の調査を毎年実施している。これまで湾内の水質や地下水、浸出水含めて問題は発生していないという報告がなされている。

また、五〇年とされる耐久性について検討する「水俣湾公害防止事業埋立地護岸等耐震及び老朽化対策検討委員会」（以下水俣湾埋立地検討委員会）を設置し、特に東日本大震災以降は耐震化についての議論を続けている。

これらの現状について国が論評したケースはほとんど確認できないが、東日本大震災後の二〇一二年の第一八〇国会衆院予算委員会（環境相は当時民主党の細野豪志）で中島隆利議員が質問している。

この中で中島は「鋼矢板の耐久性の問題と地震対策、おそらく液状化問題が起きたら大変なことになると思うんですが」として国に対策を求めている。

これに対して環境省の佐藤敏信環境保健部長は、先の水俣湾埋立地検討委員会を挙げ「今後の対応が検討されているところでございまして、環境省としても、こうした県の取り組みを踏まえて、必要な協力があれば対応してまいりたい」と述べ、第一義的な管理責任は熊本県にあると強調した上で国の支援を明言している（※6）。

2　耐震基準と水俣湾公害防止事業埋立地護岸等耐震及び老朽化対策検討委員会

▽水俣湾公害防止事業埋立地護岸等耐震及び老朽化対策検討委員会

この検討委員会は、熊本県が「他に例のない極めて重要な施設」として、「鋼矢板セルの着工から二五年」、「想定耐用年数五〇年の折り返し」に達した二〇〇八年に設置した。この設置理由には、前年の二〇〇七年に国が港湾施設の耐震の基準としている「港湾施設の技術上の基準」が大幅に改訂されたことが大きい。

委員は、大学の工学系、自然科学系の専門家、加えて独立行政法人港湾空港技術研究所、熊本県環境センターのメンバーからなる。

▽「港湾施設の技術上の基準」

港湾施設を建設・改良・維持する際に適用される基準で、港湾法第五六条に基づき国土交通省が規定する。日本の港湾施設の建設・改良・維持はすべてこの基準に適合しなければならない。

一九七四年に制定後、度々改訂され、大幅な改訂が行われたのは二〇〇七年と二〇一八年の二回である。

▽二〇〇七年の改訂

この改訂では、それまでの「仕様を規定する」という考え方から、港湾などの「施設の性能を規定する」という基本思想そのものが変更される大改訂となった。これは海外で伸長していた国際港に対抗するという考えから、国際規格にあわせるとともに港湾設計の自由度を増す効果を狙ったものとされている（※7）。

本稿ではこれ以降、この「基準」の耐震性の項目に絞って考察していく。

▽「レベル1地震動」「レベル2地震動」の導入

一九九五年の阪神淡路大震災では港湾施設が壊滅的な打撃を受けた。それまでの耐震基準では「数十年に及ぶ施設の供用期間中に一～二回起こりうる地震」を想定していたのに対し、阪神淡路大震災はそれを遙かに上回るの強さだったためだ。このため基準の改定に当たっては、地震動に対して確保が必要な耐震性能の設定が必要となり、さらに土木学会からの提言を受ける形でこの改訂へとつながった。

「レベル1地震動」とは、これまで想定していたような供用期間中に一～二回ほど発生する確率の（おおよそ七五年の確率での発生を想定した）地震動であり、「レベル2地震動」とはプレート活動に起因するような百年～数百年に一度の地震を指している。

改訂版では、これら二つのレベルに対して、施設の重要度に応じた耐震性能を定めている。

具体的には、耐震性能についてそれまでは、

地域別震度×地盤種別係数×重要度係数＝設計震度

という考え方であったのが、改訂後は、構造形式や大きさ、許容変形量を考慮して照査用震度を算出すると

いう考え方に変更、これにより、港湾施設ごとの特性を重視することになった。

本稿で問題となるのは、この改訂基準以前に建設された「重要で他に例を見ない港湾施設」、つまり水俣湾埋立地がこの新しい基準に適合しない場合、その安全性はどのように担保されるのかということである。基準の改訂にあたり国土交通省港湾局は、新基準のガイドラインの中で「技術基準の改定のたびに耐震技術が高度化しているため、従前の技術基準で整備された護岸等は現行の技術基準に照らして十分な耐震性を確保できていない可能性がある」「一九七九年の基準以前に整備された護岸等は設計時に液状化が考慮されておらず、護岸等の支持地盤や背後地盤で液状化が発生する場合、耐震性が確保できていない可能性がある」「二〇〇七年以降の技術基準への適合性の確認には、構造物ごとのより精確な地震動を求める方法に大きく変わったため技術的な困難さがある」としていて、耐震性が確保されない港湾施設の対策が課題となった（※8）。

▽地震によって想定される事態

前掲のガイドラインでは、阪神淡路大震災の際に護岸が崩壊し、地盤の沈下にとどまらず、一部では護岸の完全な倒壊や埋土の流出、波浪や越波から防護する機能も消失したケースがあったとしている。つまり、港湾施設に地震が与える被害想定の範囲については、その機能の完全な消失、護岸の崩壊による土砂流出まで十分に想定しうるということになる。

3「新基準」による検討

▽検討のポイント

前述のように、レベル1レベル2地震動の導入により、「埋立地検討委員会」では、埋立地の耐震性の検討が主眼となった。

水俣湾埋立地が建設された際の設計震度は以下の通り。

地域別震度〇・〇五　地盤種別係数一・二　重要度係数一・五（特A級）

これを前述の基準改定前の耐震性能計算式にあてはめると、

地域別震度〇・〇五×地盤種別係数一・二×重要度係数一・五＝〇・〇九

となり、設計震度は〇・一〇となっている。

これは二〇〇七年に改訂された「新基準」のレベル2地震動を想定した耐震基準は満たしておらず、「その差をどう考えるか」が検討委員会の焦点となった。

検討委員会では、これらについて二次元FEM解析と呼ばれる方法で分析を行った。

二次元FEM解析とは、地盤や構造物、地下水など構造を構成する様々な物質を有限の要素に分割してそれぞれの力や運動量、圧力などを元にコンピューターで計算するもので、モデル化解析の中ではより実際に近い忠実なモデル化が可能とされている。

その結果、レベル1地震動については、「港湾の構造物に求められている強度を概ね満たしていることが判った」とした。

レベル2地震動については「鋼矢板セルは、部材の破壊に至る変形が生じないこと、取り付け部の控え矢板式護岸は、一部に部材の破壊には至らないまでも偏位が大きく、地震後も変形が残る可能性があることが判った」「ただし、地質の不均一性等により隣接するセル間の変形量の差が発生する可能性がある」「今後、これらの構造物については、三次元解析等による詳細な検討を行い対策の必要性や対策工の優先順位を検討していく」とした（※9）。

これらを平易に言い換えると、鋼矢板が破壊されるような折れ曲がりやゆがみは生じないが、セルどうしのゆがみに差が生まれてセルの繋ぎ部分が壊れるおそれがあり、さらにセルと岸壁をつなぐ控え矢板式護岸は大きく歪む可能性があるということである。

また埋立地護岸の鋼矢板セルの隅角部について、「鋼矢板セル構造が大規模地震に遭遇した事例は無い」「兵庫県南部地震で鋼板セル構造で隅角部の被災事例が有るが水俣港への適用性確認が必要」として、模型実験を行うことを決めた。

▽模型実験

この模型実験は三五〇分の一スケールで再現するとしてアルミの空き缶に砂を詰めたものを鋼矢板セルに見立てて行われた。

問題となった隅角部について、実験の結果では次のような結果が得られた。

■明神地区隅角部一

「L２（レベル２地震動）の場合であっても、部材に損傷が生じるのはセル下端に限られ、当該箇所が海水に直接触れる部分ではないことから、当該箇所に損傷が生じた場合であっても汚泥の流出にはつながらない」

■明神地区隅角部三、■緑鼻地区隅角部

「水深が明神地区隅角部一よりも小さいことに加え、これらの隅角部では、セルの配置が兵庫県南部地震による強振動を受けた神戸港摩耶埠頭のセル式岸壁と同じである。摩耶埠頭岸壁では隅角部の破断は生じておらず、また、明神地区隅角部三、緑鼻地区隅角部のL２地震動作用時の変異は兵庫県南部地震時における摩耶埠頭岸壁の変異よりも小さいと推定されることから（略）要求性能を満足している」

これにより検討委員会は、「セルおよびアーク部は形状が維持され崩壊には至らず」と結論した。

この実験では、特に「明神地区隅角部三」と「緑鼻地区隅角部」の実験結果の分析に疑問が残る。分析では「兵庫県南部地震による強振動を受けた神戸港摩耶埠頭のセル式岸壁と同じである」としているが、摩耶埠頭は当時、兵庫県南部地震以前に耐震化が完了していた神戸港で唯一の埠頭であり、当時の一般的埠頭のように扱うのは誤解を招きかねない。また摩耶埠頭はセル式岸壁の最初期のものとして知られるが、その時代のものは置きセルと呼ばれる工法で、水俣湾埋立地とは異なっている。置きセルは根入れをしない工法のためもともと良質な支持基盤が必要であり、軟弱地盤の水俣湾埋立地とは前提条件が異なる（※10）。さらにこの工法は地震には弱く摩耶埠頭ではその後耐震化工事が施された。このため震災時にはセルの被害は少なかったものの、結局埠頭そのものは地震が原因で破壊され再建されている（※11）。

▽電気防食による鋼矢板の破断可能性

検討委員会では、鋼矢板の耐久度と電気防食の維持の問題は別個のものとして扱っている。

しかし、電気防食のための極を取り付けるため溶接することにより、大規模な地震が発生した際に溶接部から鋼矢板が破断したケースが港湾技術研究所によって報告され、そのメカニズムも解析されている（※12）。

こうした可能性を検討委員会は無視している。

▽「埋立地検討委員会」の結論

これらの検討を経て二〇一五年一月に委員会は検討結果をとりまとめ、「概要」と「詳細」を公表した。

委員会は、耐震性能について「レベル1地震動及びレベル2地震動が発生した場合に、護岸は変位する可能性があるが、護岸から汚泥を外に漏らさない性能を満足する解析結果となった。」と結論づけ、液状化や老朽化についての検討結果にも触れた上で、総論として「概ね二〇年後に改めて検討委員会を設置してフォローアップの議論を行う」とした。つまり、あと二〇年間は心配無いというのが結論だった。

4 熊本地震

こうした楽観的な見方が一転したのが二〇一六年四月に発生した熊本地震である。

最も水俣湾に近い、水俣川河口付近にある牧ノ内観測所で記録された震度は、前震が4、本震が5弱だった。震源に近い熊本県北部と比べると揺れは小さかったが、それでも埋立地が完成した一九九〇年以降、水俣市で観測された地震では最も揺れが大きい地震となった。

水俣市に限らず、熊本地震の震源から離れていた県の南部は甚大な被害は免れたが、熊本地震では地震を引き起こした日奈久断層のうち、八代市以南から有明海へ延びる断層が「割れ残った」と言われている(※13)。内陸部が震源だった熊本地震と違い、「割れ残った」断層は、八代海から有明海に伸びていて、海底が震源となる可能性が大きく、その場合津波が発生する可能性が高い。

特に同年五月中旬から下旬頃にかけて、相次ぐ余震の震源が有明海の南部に移行する傾向が見られ、防災関係者の間に緊張が走った時期がある。この時政府や防災関係者が重大な危機感を抱いたのは、鹿児島県の川内原発と水俣湾埋立地を地震や地震によって起きる津波が直撃する事態だった。

幸い最悪の事態は起きなかったものの、断層が割れ残っているという事実は今も変わらない。熊本地震による直接的な被害は水俣湾埋立地では見られなかったとはいえ、埋立地検討委員会が試算したレベル２地震動による被害がいきなり現実のものとして目の前に突きつけられたわけであり、前述のように政府関係者の肝を冷やした事態に熊本県としても静観は出来なかった。

前年に「次回は二〇年後」とした埋立地検討委員会の代わりに、熊本地震の前月に設置されたばかりの「水俣湾公害防止事業埋立地護岸等維持管理委員会」を一〇月に招集することとなった。

この中で正式に熊本地震後の臨時点検の結果が報告され、目視・電位測定の結果とともに「異常なし」とされた。また護岸についても「特に腐食が急激に進むような状況ではない」とした（※14）。

一方で、耐震性能については、埋立地の構造が変化する箇所（前述の鋼矢板セル護岸と矢板式護岸の繋ぎ目など）に観測点を追加した。またＧＰＳを利用した測定で地盤に伸縮／拡張などがみられた際に目視以外の方法で把握する方法を導入した。

更に、液状化などにより土砂が噴出した際の対応マニュアルを整備したが、福島原発事故にもみられたようなレベル２地震動による「施設性能の想定を超える事象等への対策」は今後検討するとして先送りされた。

5　水俣湾埋立地の耐震性についての考察

水俣湾埋立地の耐震性について、これまで見たように二回、検討がなされた。

①耐震基準強化を受けての検討（二〇一五年）

②熊本地震発生を受けての再検討（二〇一六年）

①・②ともに報告としては「耐震性能には問題ない」とする結論だったが、これまで記述してきたその詳細を分析すると、「問題なし」という結論には問題があるといわざるを得ない。

第一に、水俣湾埋立地の造成は確かに当時の技術で最善と考えられる工法を駆使して慎重に進められたと結論づけられるが、2でみてきたように工事そのものが当時として類例がなく、施工船の改造など様々な試行錯誤を現場で積み重ねて完成にこぎ着けたものであり、そのために維持管理についても比較対象となる事例が無いこと。

第二に、3でみたように、現行の「港湾施設の技術上の基準」をあてはめると明らかに耐震性能が不足していること。

第三に、その不足について検討した「埋立地検討委員会」の検証においては、導き出された結果に対しての評価に恣意的な部分があり、想定される地震の影響を見かけ上過少に評価している点が認められる。

第一と第二についてはこれまで見てきたので、第三の点について補足・論考する。

検討委員会が発表した「概要」にはまず前提として次の記述がある。

「レベル1地震動及びレベル2地震動の発生に対して、施設が求められる性能を満足しているかどうかを最新の港湾の技術基準に則した手法に基づいて評価した。」

この文章を一般的に解釈すれば、「ある程度耐震が保証された施設を改めて最新基準で評価した」という印象を与えるが、ここにある「求められる性能」「満足」「最新の基準に即した手法で評価」という言葉は、一見一般的な用語にみえるものの実は専門用語であり、一般に使われるよりも狭い意味、「技術的な意味」しか示していない。そうした趣旨から「翻訳」すれば次のような表現が妥当であろう。

「最新の耐震基準を満たしていない施設について、レベル2地震動が発生した場合、『求められる性能』を満たしているかどうか評価した。この場合の『求められる性能』とは、地震によって水銀を含むヘドロの流失を防げるかどうかであって、港湾施設の一部が破壊されないということではない」。

これは結論についても同じである。

「レベル1地震動及びレベル2地震動が発生した場合に、護岸は変位する可能性があるが、護岸から汚泥を外に漏らさない性能を満足する解析結果となった。」

ここでは「性能を満足する」と「性能照査」という専門用語を言い換えているのに、あえて「変位」という専門語を残している点をこの報告書のポイントのひとつとして注目したい。一般的なイメージでは「変位」とは多少のゆがみを想起するが、土木用語では鋼板が直角に曲がってしまうような損傷も「変位」である。ポキリと折れてしまうような「破断」にまでいたらなければそれは「変位」と表現される。

さらに「汚泥を外に漏らさない性能を満足する解析結果となった」とは、二〇〇七年の基準改定の際に導入された「性能照査」を指しており、冒頭に「周辺の環境を守るために水銀を含んだ汚泥を対象施設内から出さない」と対象となる「性能」を規定しているので、それに対応した書き方になっている。

つまりここでは「汚泥を出さない」という性能を果たしているかどうかに言及しているだけで、施設が壊れるかどうかは言及していない。仮に港湾施設が破壊されたとしても、他のフェイルセイフ的要因により汚泥が漏出しなければ「性能」は「満足」されるのである。

これまでみてきたように、検討委員会ではアルミ缶での実験も含めて、埋立地の護岸がどう「変位」するかを検証してきた。その結果、少なくない箇所で破断や倒伏、変位が予想されるという結論に至っている。ただ、その部位が「海中ではな」かったり、ヘドロが流失しても「予想される流出量が少な」かったり、「高濃度の水銀が含まれている箇所からの流出でない」と想定されたりといった、いわば僥倖に恵まれた部位ばかりが壊れることが予想されるため、結果として地震が発生したとしても「汚泥を外に漏らさない性能を満足する」という結論になっている。

つまり、検討会の結論「レベル1地震動及びレベル2地震動が発生した場合に、護岸は変位する可能性があるが、護岸から汚泥を外に漏らさない性能を満足する解析結果となった。」という検討結果をより一般的に翻訳すると「レベル1地震動及びレベル2地震動が発生した場合に、護岸の鋼板が曲がったり繋ぎ目が壊れたりする可能性がある。コンピューターによるデータ解析によれば、そうした事態が起こってもすぐに高濃度の水銀が海に流出する可能性は低いという結果が得られているので慌てる必要はないと思われるが、埋立地全般の安全を保証するためには抜本的な耐震化工事が求められる」ということになるし、この方がより検証結果により忠実であり、社会に求められている分析ではないだろうか。

6　水俣湾埋立地とは何か

水俣湾埋立地が抱えているリスクは、①有明海南部を震源とする地震、②出水断層帯に起因する地震、③鹿児島県喜界島付近を震源とするプレート地震、④環境テロによる破壊活動が挙げられる。

①についてはこれまで述べたように地震による液状化や、大津波が発生するおそれがある。

②は、七〜八〇〇〇年周期で発生するとされる地震で、最期に動いたのは七千数百年前とされ、地震が発生した場合の規模はマグニチュード7と予想されている（※15）。

③は、鹿児島県の喜界島北東沖を震源とする巨大地震で、一九一一年にも発生。この時の規模はマグニチュード8とされ、最大高一〇メートルの津波が発生したものと推定されている（※16）。

④についてはこれまで特段検討された形跡はみられないが、昨今の国際事情を鑑みた場合、有明海という九州最大の閉鎖水域を一瞬で壊滅させることが出来るという点で、海上の石油・LPG掘削施設、コンビナート類と同種の攻撃対象となりうる。原発やその関連施設、海上石油基地などが対テロも想定した厳重な警備体制を取っているのに対して、水俣湾埋立地の場合ほとんど警備体制は取られておらず、上部は公園であり、海中部分も誰でも容易に近づくことが可能になっている。

そして何より最大の「リスク」は、「耐用期限がある」ということだ。そもそも五〇年という耐用年数を設定して造られた埋立地は、例え保守管理によりそれが一〇年、二〇年延びたところで、必ず終わりが来る。

すでに二九年が経過し、構造建築物のスパンで考えればそのデッドラインはもう目の前に来ていると言ってよいが、現在までに公に埋立地の再造成法は検討されたことはない。

一方で汚染者のチッソは分社化し、遠くない将来、その存在を消滅させようとしている。そうなれば、巨額の再造成費用を誰が負担するのかという議論は必至だが、これも検討されず、むしろ熊本県は県民がそこに気づくことを避け、先送りを続けているようにも見える。

しかし繰り返すが、これは近い将来必ず私たちに広く降りかかる問題である。

例えば熊本学園大学の中地重晴はこの問題について独自に取り組み、水俣湾埋立地内の水銀を処理した上で埋立地の再生を図る方法を試算、その事業費も七三〇億円程度という格安の見積もりを出している（※17）。本来であればこうした試算はいち研究者ではなく、水俣病の拡大について責任がある熊本県や国が先頭に立って行うべきものではないか。

「想定外の」福島原発事故や、熊本地震を経験してもなお世界最大級とされる水銀サイトの管理リスクが解消できないという状況が今後も続いていくことは、水俣の名を冠した水銀条約発効後の国際社会で許されない。

水俣湾埋立地とは私たちが破壊し尽くした環境に立つ墓標ではない。今も昏い海の中で生き続け脅威を与え続けている怪物リヴァイアサンにも例えられよう。それが我々に希望を与えるシンボルになるのか、はたまた黄泉への案内人となるのか、次の言葉で締めくくりたい。

「人々が外敵の侵入から、あるいは相互の権利侵害から身を守り、快適な生活を行うことを可能にするのは公共的な権力である」（※18）。

関連年表

一九一一年　六月一五日　喜界島沖巨大地震
一九三二年　七月五日　チッソ水俣工場でアセトアルデヒド製造開始
一九五六年　五月一日　水俣病公式確認
一九六八年　五月一八日　アセトアルデヒド製造中止
一九七〇年　一二月二五日　水質汚濁防止法公布
一九七三年　五月二七日　水俣市漁協が湾内の量の自主規制開始
七月二三日　環境庁が第三水俣病事件をきっかけに魚介類の水銀の暫定的規制値」
一九七四年　一月仕切り網設置
三月　水俣湾公害防止対策事業基本合意
「港湾施設の技術上の基準」制定
一九七五年　四月一日　水俣市漁協、湾内での漁獲を禁止
一九七六年　「水俣湾等公害防止事業監視委員会」設置
一九七七年　一〇月一日　着工（仮締切堤防着工・仕切り網拡大）
一二月二六日　工事差し止めの仮処分申請
一九八〇年　四月一六日　水俣湾へドロ浚渫工事差止仮処分事件で申請却下判決
一九八〇年　六月六日　工事再開
一九八六年　第一工区をみどりふ頭として供用開始
一〇月六日　丸島・百間水路公害防止工事着工
一九八七年　七月二〇日　丸島漁港公害防止工事着工
一九八九年　一月二五日　第一回熊本県水俣湾魚介類対策委員会
一九九〇年　三月三一日　公害防止工事事業完了
一九九三年　一〇月　水俣湾と七ツ瀬海域を区分する内仕切網設置
一九九五年　一月　阪神淡路大震災
二月八日　水俣湾魚介類対策委が仕切り網撤去提言
一九九七年　二月二五日　水俣湾魚介類対策　解散
七月二九日　福島譲二熊本県知事が水俣湾の安全宣言
一〇月一四日　水俣湾仕切り網の撤去完了
一〇月一五日　水俣市漁協が二四年ぶり漁を再開

二〇〇七年　四月一日「港湾施設の技術上の基準」大幅改訂
二〇〇八年　第一回水俣湾公害防止事業埋立地護岸等耐震及び老朽化対策検討委員会
二〇一一年　三月一一日　東日本大震災
二〇一五年　二月　検討委がとりまとめ発表
二〇一六年　四月一四、一六日　熊本地震
一〇月　第一回「水俣湾公害防止事業埋立地護岸等維持管理委員会」

【引用文献】

※1気象庁「気象庁技術報告 第一三五号」(二〇一八)
※2内閣府「平成二八年(二〇一六年)熊本県熊本地方を震源とする地震に係る被害状況等について」(二〇一九年四月一二日)
※3中島重旗「水俣湾における環境復旧事業の経過」環境技術 三一巻(二〇〇二)一一号
※4広瀬宗一・山口晶敬「水俣湾公害対策事業」土木学会論文集第四二一号一九九〇年九月
※5「港湾土木工法の基礎知識」日本埋立浚渫協会編(二〇〇五)
※6第一八〇国会衆議院予算委員会第六分科会第一号議事録　二〇一二年三月五日
※7関谷千尋・金正富雄・小泉哲也「港湾の施設の技術上の基準・同解説」に関するアンケート調査」沿岸技術研究センター論文集No.10(二〇一〇)
※8国土交通省港湾局「港湾における護岸等の耐震性調査・耐震改良のためのガイドライン」(二〇一八)
※9熊本県「水俣湾公害防止事業埋立地護岸等耐震及び老朽化対策検討委員会資料」

※10飯田毅「根入れ鋼板セル護岸の耐震設計と施工に関する基礎的研究」（一九八七）京都大学
※11佐藤成「鋼板セル式岸壁の地震時挙動に関する研究」（二〇一四）パシフィックコンサルタンツ
※12福手勤「水中溶接された鋼矢板構造物の破断メカニズムと破断モードの改善に関する材料学的研究」国立研究開発法人港湾空港技術研究所報告第三六巻第四号（一九九七）
※13東北大学災害科学国際研究所編「平成二八年熊本地震に関する報告」（二〇一六）
※14熊本県「第二回水俣湾公害防止事業埋立地護岸維持管理委員会」（二〇一六）
※15地震調査研究推進本部地震調査委員会「出水断層帯の長期評価について」（二〇〇四）
※16岩本健吾、後藤和彦「一九一一年に喜界島近海で発生した巨大地震（M８・０）に伴う津波の聞き取り調査」日本地球惑星科学連合（二〇一三）
※17中地重晴「水俣を水銀条約の汚染サイトとして評価する」熊本学園大学第一五期水俣学講義第一三回
※18トマス・ホッブズ「リヴァイアサン」水田洋訳

＊田尻技術士事務所（熊本市）をはじめアドバイスを頂いた海洋土木・工学の専門家の方々に感謝いたします。

Ⅳ

世界の水銀汚染と水俣条約

――いまなぜ水銀が地球環境問題化しているのか

井芹道一

水銀とプラスチック

二〇世紀の世界経済の成長をけん引した主要な素材、それが合成樹脂（プラスチック）だった。いまそのプラスチック廃棄物、なかでも直径五ミリ以下のマイクロプラスチックが生態系や魚介類、ひいては食物連鎖を通じて人間の健康に大きな脅威となっている。

一九五六年に公式確認された水俣病は、日本の化学工場がプラスチック生産を始めた時代に起きたメチル水銀中毒といえる。水俣市で化学肥料を製造品目の柱として生産していたチッソは、それまでの化学肥料生産から、次世代の世界経済をけん引する夢の素材だった塩化ビニールをはじめとしたプラスチックの原料生産に重心を変えた。

ただ、チッソがプラスチックを成形しやすくする可塑剤アセトアルデヒドを作るため、触媒に水銀（無機）を使ったことから、製造工程で副次的に有機水銀の一つである猛毒のメチル水銀が発生。大量のメチル水銀を含む工場廃水が、未処理のまま水俣湾に垂れ流された。水銀汚染水は魚介類を一気に汚染。知らずに食べ続けた人たちがメチル水銀中毒になり、脳神経が侵されて多くの被害者が出た。

日本では水俣病の発生に伴い、その後はプラスチックの製造工程で触媒に水銀は使われておらず、イオン交換膜法に変わった。しかし、世界の多くの国は異なる。今でも水銀が使われている。一方で生産されたプラスチック製品が地球環境汚染物質として、ブーメランのように私たちのもとへ返ってきているのだ。

世界保健機関（WHO）は、「公衆衛生上懸念される化学物質」として水銀、アスベスト、ダイオキシン、カドミウム、ベンゼン、鉛、ヒ素、フッ化物の八物質を挙げている（注1）。特に水銀（無機）とその化合物は世界に広まりすぎた厄介な化学物質だ。

水銀は、金や銀などと容易に合金（アマルガム）をつくるため、古くから金抽出に利用され、日本でも奈良時代の大仏をはじめ、古代から仏像造りに使われてきた。水銀の殺菌・防腐効果は医療での使用につながり、加熱で膨張する性質は計測器に使われている。

（表1）

	世界で使われている水銀含有製品（物）
金属水銀（無機）	液晶テレビ、エアコン、パソコン、冷蔵庫、電子レンジ、洗濯機、ボタン電池、酸化銀電池、水銀体温計・血圧計・気圧計など計測機器、蛍光管、水銀灯、ナトリウム灯、金属ハロゲン灯、ネオン、歯科用アマルガム、スイッチ、継電器、サーモスタット、火災感知器、ジュエリー、研究用計測機器、汚泥、〈乾電池、苛性ソーダ・塩素電解用など〉
無機水銀	塩化ビニール、電極、プラスチック、コンクリート、スレートなど建設廃材、塗料、朱の顔料、旧来の朱肉、朱墨、辰砂《しんしゃ》、試薬、外用剤、〈石けん、化粧品、マンガン電池の陰極用など〉
有機水銀	殺菌剤（保存剤）、ワクチン（防腐剤）、〈農薬（殺菌剤）〉

〈〉内は日本では使われていない。UNEPと日本はじめ各国資料から

水銀は常温で液体のただ一つの金属で、電気を通す。その特性は照明やサーモスタットなど電気製品に多用される一方、水銀を含む石炭は燃やすと蒸発し大気を汚染する。水銀が水環境に入ると、微生物の作用により有機水銀の一つで毒性が高いメチル水銀に変化。魚介類を汚染し、食物連鎖につながる。

二〇世紀まで、水銀（無機）は適正に使えば安全と考えられた。だが、世界の科学者の研究で、無機、有機を問わず有毒と分かってきた。国連は科学の裏付けをもとに新た

な地球環境問題として、世界に水銀の使用終息を強く喚起。二〇一三年一〇月、熊本市で国連環境計画（UNEP）の新しい環境条約「水銀に関する水俣条約」（注2）が採択された。二〇一七年八月には条約が発効、九月には第一回締約国会議（COP1）がスイスのジュネーブで開かれた。

便利だが有毒。この有害重金属をどう世界で削減するのか——（表1）。

海外では発展途上国を中心に、いまだにプラスチックの生産過程で触媒に水銀を使っている国が少なくない。世界最大の水銀排出国である中国、それに続くインドなど新興国で水銀を削減するのは一筋縄ではいかない。国連で水俣条約の締約国会議（COP）を重ねるごとに、より実効性ある条約に育てていくことが不可欠だ。水俣病の経験を今こそ生かさなければならない。

以下、条約に至る経緯や意義、問題点を六つの視点に分けて解説する。

■第一の視点・国連■世界水銀アセスメント公表＝二〇〇二年

国連環境計画（UNEP）が水銀を条約で規制することに動きだす出発点が世界水銀アセスメントの実施だった。UNEPは二〇〇一年に地球規模での水銀汚染に関連する活動として「水銀プログラム」をスタート。翌二〇〇二年、水銀の人への影響や汚染の現状をまとめた初めての報告書「世界水銀アセスメント」（注

３）を公表した。

二五八ページに上る報告書を見ると、世界の科学者と国連が、なぜ水銀を「地球環境汚染物質」と位置づけ、人類の将来を懸念しているかが理解できる。特に目を引くのが次の四点だ。（以下＝環境省仮訳から）

①水銀は環境に遍在　「工業時代の始まりから環境中の水銀濃度は大幅に上昇。現在、人間や野生生物に有害な影響を与えうる濃度の水銀が全世界で環境媒体や食物（特に魚）に存在する。原因は人間が生み出した発生源。産業行為による埋め立て地、鉱山、汚染工業用地、土壌、堆積物に残留している。水銀が排出されない北極でも大気などを通じ、大陸から運ばれ、汚染されている」

②難分解性で全世界を循環　「水銀汚染で最も重要なのは大気中への排出。水銀はさまざまな汚染源から水系や土壌に直接排出される。一度、排出されると環境中でほとんど分解されず、大気中、水系、堆積物、土壌、生物相を様々な形態で循環。水銀は全世界に貯留され、常に土壌と水系との間で、移動と蓄積を繰り返す。堆積すると主に微生物代謝でメチル水銀に変化しうる。メチル水銀は生物内に蓄積される特性があり、食物連鎖の上位に行くほど濃度は高まる。魚や海洋ほ乳類で著しい。メチル水銀が最も危険」

③発達途上の神経系に有害　「水銀とその化合物は極めて毒性が強く、特に発達途上の神経系に有害。特にメチル水銀は人間と野生生物に有毒。この化合物は簡単に胎盤関門と血液脳関門を通過し、神経毒となり、特に成長過程の脳に悪影響する。妊婦が摂取する魚に含まれるメチル水銀は小児の成長にわずかだが永続的

な影響を与え、学齢期になると発症することが研究で明らかにされている。成人の心臓血管系に悪影響を及ぼすことも判明。最も曝露しやすいのは神経系が発達過程にある胎児、新生児、小児。妊婦、妊娠の可能性のある女性は特にメチル水銀の有毒性に注意が必要だ」

④排出量はアジアが突出　「アセスでは一九九五年の主要な人為的排出源からの地球大気中への水銀排出量推定値も示している。先進国では水銀使用が減り、途上国で増えていることを指摘。特にアジア地域からの排出量が突出していると報告した」

その上で水銀の排出源を以下のように四つに分類した。

（A）火山の噴火や岩石の風化などによる水銀の自然放出
（B）石炭など化石燃料に含まれる水銀不純物の放出
（C）水銀を使用する製品や製造過程からの排出
（D）過去の人為的放出が原因となる土壌中の残留、海底などへの沈殿、廃棄物に付着した水銀の再放出

▽長期微量汚染の研究

このうち、③の「発達途上の神経系に有害」を見ると、ハーバード大学のフィリップ・グランジャン特任教授（南デンマーク大教授）が一九九九年にブラジルで開かれた「第五回地球環境汚染物質としての水銀国際会議」（ICMGP＝注4）で発表した長期微量汚染をめぐるフェロー諸島（デンマーク領）での研究が、この時点で生かされていたことが分かる。教授は今も、魚介類から微量のメチル水銀を長期にとり続けることが、

知能指数（ＩＱ）や発達障害に影響するという立証を続けている。微量水銀の健康への影響については後続のページ「第四の視点」で詳述する。

ＷＨＯ「水銀に安全基準はない」

研究者の間で水銀への危機感が高まる中、世界保健機関（ＷＨＯ）は二〇〇五年、「健康管理における水銀」と題したポリシーペーパー（政策文書、注５）を公表した。この中でＷＨＯは「水銀には、それ以下では何らかの悪影響が発生しない閾値がないだろう」とした。つまり、水銀はどんなに微量でも有害であると結論づけた。

■第二の視点・科学者■世界に警告＝二〇〇六年

水俣病五〇年の節目

世界が条約規制に向かう第二のポイントが、水俣病公式確認から五〇年の節目、二〇〇六年八月、米国ウィスコンシン州マディソンで開かれた「第八回地球環境汚染物質としての水銀国際会議」（ＩＣＭＧＰ）だ。六九カ国から過去最大の約一一五〇人が参加。最終日に同会議としては初の「水銀汚染に関するマディソン宣言」（注６）を出した。一部を紹介すると——。

① 地球上の水銀の三分の一は自然発生だが、三分の二は人為的活動による。
② 産業界での水銀使用と排出の結果、産業革命以来、水銀の堆積は、遠隔地を問わず二倍から四倍に増加している。
③ 水銀に汚染された魚を食べることは人の健康に悪影響がある。特に子どもと妊娠期の女性は食べる魚の種類に注意が必要。
③ 小規模零細の金採掘（ＡＳＧＭ）で無秩序な水銀の不適正使用が続いている。世界中の何千という地域が汚染され、採掘地域の住民五〇〇〇万人に長期に及ぶ健康被害が出る恐れがある。
④ 地球上の人的活動から排出される水銀のうち、これらの金採掘活動だけで一〇％以上を占める。
⑤ 世界中の人たちが主に魚介類を食べることでメチル水銀を摂取し、健康被害が生じている。
⑥ 過去三〇年間にわたり発展途上国から排出された大量の水銀で、先進国が削減した水銀排出量は相殺された。
⑦ メチル水銀の毒素が健康、特に胎児に悪影響を及ぼすという科学的に確かな根拠がある。
⑧ 最新の研究結果はメチル水銀が成人男性の心血管疾患のリスクを高める可能性を示している。
⑨ この地球規模の問題に対処するためには、各国が効果的な対策を進め、国際的な対応策を講じることが必要だ。

世界水銀アセスメントが国連という政治主導の動きとすれば、このマディソン宣言は、科学者たちが世界

図1　自然界での水銀（Hg）循環

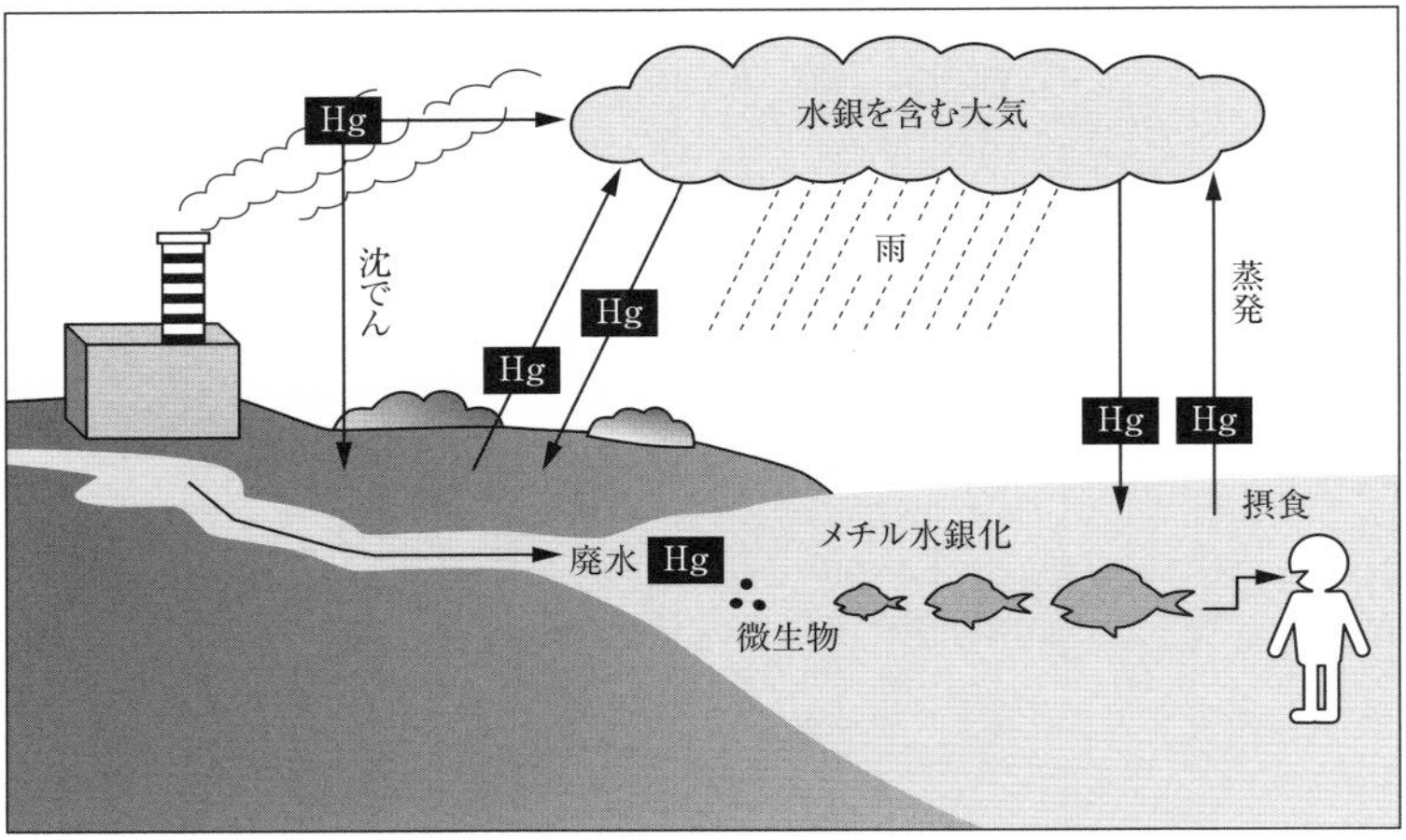

〈米国EAP資料などから作成〉

に向けて発した初めての警告といえた。

無機水銀のメチル水銀化

マディソン宣言が出された二〇〇六年までには、無機水銀がより毒性の高い有機水銀の一種・メチル水銀に変化する水銀循環が、水銀国際会議の科学者たちの研究で証明されていた。無機水銀の自然界でのメチル化のメカニズムが解析されたのである（図1、出典EPA＝米環境保護局）。

二〇〇六年に渡米し、ワシントンでEPAを取材した。それによると、仕組みはこうだ。水銀は石炭に含まれる。石炭火力発電所などから二酸化炭素など大気汚染物質とともに大気中に排出された無機水銀は、雨などを通じて地表や水環境（海や湖、河川）に落ちる。それを微生物（細菌）が、より有毒性が高いメチル水銀に変えていく。微生物→プランクトン→小魚→中型魚→大型魚と食物連鎖に乗って蓄積されていく。大きな魚が小さな魚を食べる食物連鎖を通じて、大きな魚（マグロ、メカジキなど）ほど水銀濃度が高まり、最終的にそれを食べる人間の体内に入っていく。

これにより、水環境の水銀汚染を減らすには、人為的な施設から出る水銀汚染水の垂れ流しに加え、石炭火力発電所や工場の石炭ボイラーなどから排出される水銀を減じることが不可欠であると分かった。

■第三の視点・水銀規制■条約化へ世界が動く＝二〇〇九年

オバマ大統領の出現で方向転換

世界水銀アセスという科学的な証拠があったにもかかわらず、世界は条約による規制に向けて六年間も動かなかった。条約化の必要性は初めにスイスとノルウェーがＵＮＥＰの管理理事会で提唱した。日本は法的拘束力のある条約ではなく、各国任意の対応で水銀を減らす対応を支持し、米国、カナダなどとともに消極姿勢をとり続けた。だが、企業活動による大量のメチル水銀中毒症発生の経験を持つ国として、国際ＮＧＯから厳しい批判を受ける中で日本は二〇〇七年二月、ＵＮＥＰの理事会で「法的拘束力のある条約づくりの交渉開始に大筋で賛同する」と微妙な表現で賛成に転じた。

その後、状況が大きく動いたのは、米国でオバマ民主党政権が誕生したことだ。バラク・オバマ上院議員が大統領就任直前の二〇〇八年一一月一日付で米国からの水銀輸出禁止法案を議会に提出・成立させた。さらに大統領就任後の二〇〇九年二月の第二五回ＵＮＥＰ管理理事会で、産業界への影響から条約規制に反対し続けたブッシュ前政権の姿勢を転換して賛成に回り、これが世界の流れを変え、法的拘束力のある水銀条約を二〇一三年に制定する道筋を開いた。

政府間交渉スタート…「水俣条約」命名の背景

この「歴史的な合意」（アヒム・シュタイナーUNEP事務局長）に伴い、水銀条約の文書を作るための第一回政府間交渉委員会（INC1）が二〇一〇年六月、スウェーデンのストックホルムで開かれた（表2）。UNEPに加盟する約一四〇カ国・地域の代表が水銀条約作りを始める第一回の交渉である。六月六日、政府間交渉委の開幕式で、日本政府を代表し、外務省の青山利勝・地球環境課企画官が「わが国は初期対応が遅れたことで水俣病被害を拡大させた。世界で繰り返さないため、政府間交渉に積極貢献したい」と述べ、新条約の名称を「水俣条約」にしたい意向を表明した。

条約名を「水俣」とすることには、水俣病被害者らの間に「水俣病が解決したと世界に間違った印象を与えかねない」「水俣の名を冠するのなら、規制の強い条約にすべきだ」といった反対意見があった。

表2 政府間交渉委員会（INC）主催UNEP

INC1	二〇一〇年六月	ストックホルム（スウェーデン）
INC2	二〇一一年一月	千葉（日本）
INC3	二〇一一年十月	ナイロビ（ケニア）
INC4	二〇一二年六月	プンタ・デル・エステ（ウルグアイ）
INC5	二〇一三年一月	ジュネーブ（スイス）

条約名の命名の背景について、水俣条約の政府間交渉を通して担当した元環境省参与、当時、環境安全課長だった早水輝好氏（茨城大客員教授）は、①私が着任（二〇〇九年七月）する前から国際的に「水俣条約」にしてはどうかという議論があった②環境省内で水俣病問題を担当する別のグループによる検討・調整を待った③検討の結果、条約交渉が開始さ

（写真１）第１回政府間交渉に臨む日本政府代表。
前列右から３人目が早水氏。ストックホルム 2009（撮影・井芹）

れる前の二〇一〇年春の時点で『水俣条約』の命名を目指すことになった―と回顧している（注7）（写真1）。

早水氏はさらに名称をめぐる国際交渉についても記している。要点をまとめると、条約の名称は通常、採択される外交会議の場所の名称がつくのが慣例。ところがスイスが外交会議の開催場所に立候補していたため、二〇一〇年三月にスイスと非公式に交渉。スイスは「水銀の条約に水俣の名称が付くつくことは意義がある」と快諾し、条約を採択する外交会議の開催を日本（※その後、政府は水俣・熊本両市での開催を決定）に譲ってくれた。スイスは最後の第五回政府間交渉を主催する役割に変更してくれた―と記している。

当時は民主党政権（二〇〇九―二〇一二年）。「水俣条約」の命名を目指すという政府内の合意、スイスの承諾を受けて、鳩山由紀夫首相が二〇一〇年五月一日、水俣市で開かれた水俣病犠牲者慰霊式に歴代首相として初めて出席した。

鳩山首相は「祈りの言葉」の中で、国連環境計画（UNEP）で進む水銀規制条約に触れ、「最終的にこの条約の採択と署名を行うために二〇一三年ごろ開催される外交会議についてもわが国に招致することにより、

『水俣条約』と名付け、水銀汚染の防止への取り組みを世界に誓いたいと思います」と述べた。

早水氏は回顧の中で「『水俣条約』の命名は、水俣病と同様の健康被害や環境破壊を繰り返してはならないとの決意と、こうした問題に直面している国々の関係者が対策に取り組む意志を世界で共有する意味で有意義である」と書いている。

こうしたプロセスを経て、日本政府は二〇一〇年六月、ストックホルムで開かれた政府間交渉の初回から「条約名は水俣」を主導した。ただ、日本政府の姿勢に対し、水俣病被害者や国際NGOによる批判がこのあとも長く続いた。政府間交渉はその後、日本（千葉・幕張）、ケニア、ウルグアイ、スイスと五回にわたって開かれた。

政府間交渉で最後まで議論となったのが、①大気中への排出削減②水銀添加製品の廃止時期③途上国への技術・資金援助―の三点だ。このうち大気排出では、日本、米国、EU、アフリカなどが石炭火力発電やセメント製造施設など排出施設を特定した削減を求めたのに対し、中国、インド、中南米は特定しない各国独自の対応を支持した。

電池や照明、血圧計など水銀添加製品についても、日本、EU、ジャマイカが二〇二〇年までの廃止を求めれば、中国が二〇三〇年への先延ばしを要求。これほど規制が遅れると「ごみ捨て場にされかねない」と危惧するアフリカが、中国に対し二〇一八年に早めるよう異例の主張をする場面もあった。

一方、健康被害防止に関する健康条項では、いくつかの付帯条文を残すことに、カナダ、オーストラリアなどが難色を示すと、水銀にさらされやすい人が多いアフリカ、ブラジルから意見があり、表現を和らげる形で生かされることになった。水俣条約とするのなら不可欠な条文だった。

こうして二〇一三年一月一九日午前七時、スイスのジュネーブ国際会議場で開かれた第五回政府間交渉（INC五、約八〇〇人参加）で、約一四〇カ国・地域が法的拘束力のある文書（条約）に全会一致で合意。名称も「水銀に関する水俣条約」に決定した。

■第四の視点・水銀の有毒性■科学の立証相次ぐ

アジアが世界の半分を排出、その七割が中国

政府間交渉が水銀を規制する法的拘束力のある文書（条約）を作ることで合意したことに伴い、UNEPは二〇一三年一月、「二〇一三年版世界水銀アセスメント」を公表した（注8）。この中で世界の大気中への人為的な水銀排出量は一九六〇トン（二〇一〇年）。最大の汚染源は小規模金採掘で、初回のアセスで一位だった石炭燃焼を上回ったことを明らかにした（図2）。

このアセスによると、主要な発生源は小規模金採掘と石炭燃焼で全体の六二％に当たる。工業化が著しいアジア諸国からの排出がその半分を占め、そのうち七五％が中国からの排出で、世界の三分の一の排出を中国が占めていることも分かった。

このアセス（三二頁）は、二〇〇二年にUNEPが初めてまとめた世界水銀アセスメントに次ぐ包括的な

図2　世界の大気中への水銀排出状況（2010）

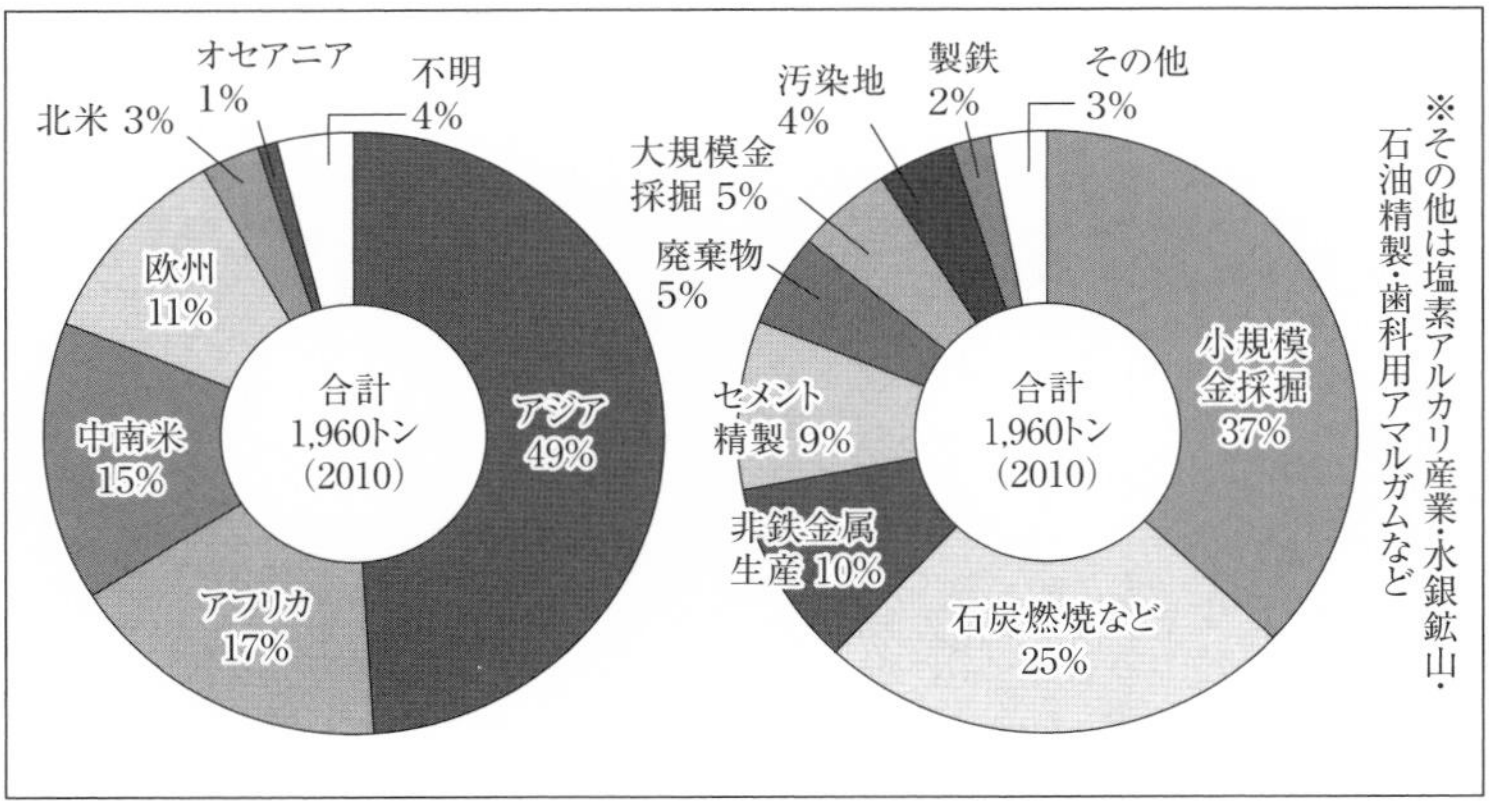

出典：UNEP 世界水銀アセスメント 2013

評価だった。分析対象は水銀の大気中への排出と人への影響に直結する水・土壌への放出。スイスの水俣条約事務局が一〇月に熊本市で採択される「水銀に関する水俣条約」の討議資料として公表した。

最大の汚染源は小規模金採掘

この二〇一三年版アセスによると、原因別で一位となったのは七二七トンを放出した小規模金採掘。全体の三七％を占め、二〇〇五年時に比べれば倍増した。南米とアフリカ・サハラ砂漠以南での使用量がデータの向上で判明したことにより、数字が積み上がった。

小規模金採掘は、家族労働などで水銀を使って金鉱石や砂金から金を抽出する作業だ。多くの国が水銀使用を禁じているが、行政の目が届かない奥地で違法に行われている。宝飾品への需要が高いことから、途上国の貧しい人たちが金を売って生活の手段、生きる糧としているのが実態だ。作業過程で蒸発する水銀を吸入した作業員が健康を害し、使った水銀が土壌や水を汚染していることも報告されている。

二番目に多いのは化石燃料からの水銀排出。四七五トンのうち四七四トンまで石炭燃焼が占めている。火力発電と工場での石炭使用が多く、これに非鉄金属生産、セメント精製過程からの水銀排出が続いている。

大気中への排出のピークは一九五〇～七〇年代。現在では欧州、ロシア、北米での排出は減り、アジアでの排出が増加している。

世界の海面一〇〇メートル以内で水銀倍増、東シナ海で汚染進む

大気とは別に「水環境への人為的な排出は少なく見積もっても年間一〇〇〇トン以上」とアセスは推計。排出源は①火力発電所や工場などから一八五トン②鉱山、埋め立て地、廃棄物処理場など汚染サイトから三三トン③金採掘場から八〇〇トン超―とした。

過去一〇〇年間に世界の海の表面一〇〇メートル内に人為的に排出された水銀量は倍増した。水銀は海の表面から深い部分にゆっくりと移動するため、深海への蓄積量は一〇～二五％の増加にとどまっていると分析している。

アジア諸国の急激な工業化の結果として、アセスが特に東シナ海で水銀汚染が進んでいることを強調している点も気掛かりだ。

地球温暖化が無機水銀のメチル化促進

水環境が深刻な理由としてアセスは、①何百トンもの水銀が垂れ流されている②大気中から雨で海や湖に落ちた無機水銀が水環境に入ると、微生物が猛毒のメチル水銀（有機水銀の一つ）に変える③それを小魚が食べ、

小魚をより大きな魚が食べる食物連鎖で、マグロなど大型魚ほど水銀含有濃度が上昇。最後は人間の口に入っている―と指摘。

「地球温暖化による海や湖の温度上昇は、有機物の生産性を高めるため、微生物の動きが活発化し、無機水銀をメチル水銀に変えるスピードを早めている可能性がある」と分析。国際社会が一丸となって水銀削減を進める必要性を喚起する内容となっている。

セーシェルより重視されたフェローでの微量水銀研究

五回の政府間交渉を経て水銀を条約で規制することで合意した半年後の二〇一三年七月、水銀を専門とする世界の科学者らは、スコットランドのエディンバラ（英国）で「第一一回地球環境汚染物質としての水銀国際会議」を開いた。テーマは「国際政治に影響を与える科学」だった。

一九九〇年の第一回からこの国際水銀学会で各国の専門家が報告し続けてきた科学の立証を根拠に警告が出され、それが国連環境計画を動かし、「水銀に関する水俣条約」が実現。この年（二〇一三年）の一〇月に熊本で採択の運びになった。

そうした経緯から、科学が政治を動かしたという自負が、そのままテーマに盛り込まれていた。それだけにこのエディンバラでの学会は特別な意味を持っていた。

口頭発表で例年通りも注目を集めたのが、魚介類から微量の水銀を長期間摂取することが、健康に悪影響をもたらすのかどうかの研究である。ただ、結論は一致しないままだ。米ハーバード大学と南デンマーク大学のフェロー諸島での研究は「悪影響あり」（注9）。一方、米ロチェスター大学のセーシェル諸島での研究は「悪影響なし」（注10）。それぞれ二五年以上にわたる二地域での大規模研究は世界に例がない。

フェロー諸島はデンマーク領。英国とアイスランドの中間に位置し、魚とゴンドウクジラ（五～七メートル）を多食する。水俣病にも詳しいハーバード大のフィリップ・グランジャン特任教授らが一九八六～二〇〇九年に出生した母子二五六五組を出生年で五グループに分けて追跡調査してきた（写真2）。

その結果、七歳と一四歳時に神経発達検査をした結果、母親がクジラを多食すれば胎児の神経組織発達に影響することが判明。二二歳までに行った知能など各種検査で注意力、言語力、言葉の記憶力をはじめ、動作、視野、成績にも影響することが分かった。

フェロー病院機構のパル・ウェイ職業公衆衛生部長は「一四歳で影響があれば永久に続く。フェロー島では一九九八年に『ゴンドウクジラは食べるのに不適』と結論。大人は月一、二回、妊娠予定の女性は控えるよう推奨している」と発表した。

（写真2）ハーバード大学のフィリップ・グランジャン特任教授。エディンバラ 2013（撮影・井芹）

総括したグランジャン教授は「胎児の脳と知能指数（IQ）」を守るためにも女性は妊娠前からメチル水銀含有量の低い魚を食べることが望ましい。不正確な検査では不正確な結果しか出ない。メチル水銀の影響を過小評価すべきではない」と強調した。

一方、セーシェルはアフリカのマダガスカル島の北東にある共和国。アジ、ハタ類など一九魚種を多食しているが、健康な人が多い。米国人同様、クジラなど海産哺乳類を食べないなどから米ロチェスター大が研究対象にした。

こちらもフェローと同年の一九八六年から二〇一一年に出生した母子三三七八組を四グループに分け、一定年齢ごとに神経発達検査などをしている。だがメチル水銀の神経、認知、行動などへの悪影響は認められていない。

エドウィン・ウインガーデン教授は「魚には動脈硬化を防ぐオメガ三脂肪酸やメチル水銀の毒性を抑えるセレン、ビタミンEが含まれる点がプラスに働いているのではないか」と指摘。「今回の調査でも魚から微量のメチル水銀を長期摂取することで起きる健康への悪影響は決定的ではない」と結論づけた。

相反し続ける二つの大学での研究結果に、会場の科学者たちからは「フェローでのクジラとセーシェルでの魚という食物の相違があるのでは」「フェローは白人、セーシェルはアフリカ系という人種の相違、検査手法の違いが関係しているのではないか」「知能への影響まで調べているフェローでの研究結果が奥深いと考える」などの声が聞かれた。

この二つの大規模研究の結果は、日本など各国の水銀政策にも影響を与えている。しかし、人類の未来を考えて、国連が条約によって水銀を規制する方向に動いた。このことから、微量でも長期間摂取し続ければ「健康に悪影響あり」としたフェロー諸島での研究結果が、セーシェルでの結果よりも重視された、と世界の水銀研究者からは受け止められている。

図3　全国14地域の毛髪メチル水銀値

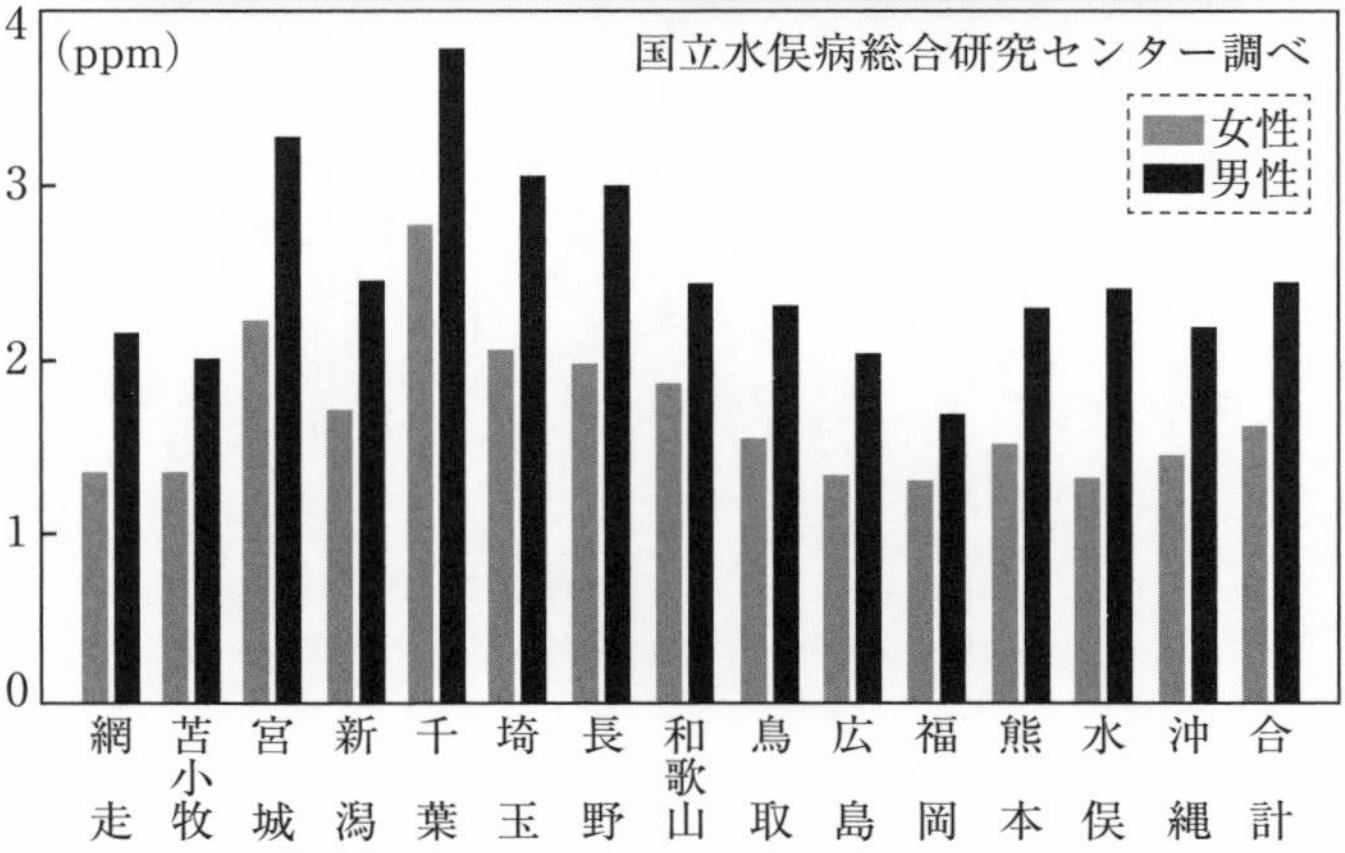

毛髪水銀値、マグロ多食が影響＝日本

日本では環境省国立水俣病総合研究センター（国水研、水俣市）が、日本人の毛髪水銀値は東日本で高く、西日本で低い―その背景にはマグロの消費量が影響している、という研究結果を二〇〇九年、中国貴州省貴陽市で開かれた「第九回地球環境汚染物質としての水銀国際会議」で報告し、注目を集めた（注11）。発表した国水研の安武章・生化学室長と蜂谷紀之・社会科学室長は、二〇〇〇～二〇〇四年に北海道から宮城、熊本、水俣、沖縄まで全国一四都市で理髪店や美容院の協力を得て約一万三千本の毛髪を採取。水銀値を調べた（図3）。

その結果、平均値は男性二・四七ppm、女性一・六五ppm。男性の方が高かったが、体重差を引くと男女差はほとんどなかった。地域別では千葉が最も高く、宮城、埼玉、長野などで高い数値が出た。逆に低かったのが九州で、福岡が最も低かった。最高と最低では約二倍の差があることも分かった。

日本人が最も食べる魚種はサバ、サケ、アジの順（表3）。水銀含有量は食物連鎖で大型魚ほど高まることから、安武室長は「地域差には東日本でマグロの消費量が多いことが大

表3　日本人が多食する
魚介類ランクと含有水銀量

魚種	水銀（ppm）	消費率（%）
1 サバ	0.09	57.5
2 サケ	0.01	54.7
3 アジ	0.04	49.6
4 サンマ	0.06	49.5
5 イカ	0.03	46.8
6 マグロ	**0.77**	**45.4**
7 すり身	0.01	45.2
8 エビ	0.02	42.3
9 イワシ	0.02	34.4
10 タコ	0.03	33.3
11 カレイ、ヒラメ	0.05	25.9
12 貝	0.01	24.1
13 カツオ	0.17	23.7
14 ブリ	0.13	22.4
15 タイ	0.08	19.3
16 ウナギ	0.04	18.1
17 カニ	0.02	14.8

国立水俣病総合研究センターまとめ
※日本での総水銀の暫定的安全基準値は 0.4ppm

きく影響している」と分析した。ただ、魚は基本的に健康食で、胎児の脳の発達に欠かせない不飽和脂肪酸を多く含み、カロリーも低い。WHOが健康に影響はないとする成人の暫定毛髪水銀値は五〇ppmであり「成人が普通に食べる分には問題がない」とも強調した。

魚の賢い食べ方とは

長年、水銀国際会議（ICMGP）で口頭発表を続けてきた国水研の坂本峰至・国際総合研究部長は魚の賢い食べ方について「魚介類には胎児の脳の発達に欠かせない多くの栄養素が含まれる。妊婦はマグロ、メカジキなど水銀濃度の高い大型魚を控え、イワシ、サンマ、アジなど小型魚を中心に食べることで、魚の栄養素を享受しながら、メチル水銀のリスクを減らすことが可能」と言っている（二〇〇六年、米マディソン水銀国際会議）。

その後の寄稿文やICMGPでも坂本氏は「妊婦はメチル水銀の赤ちゃんへの影響を恐れて魚類を食べるのをやめるのではなく、メチル水銀濃度の高い大型魚を選ばず、水銀濃度の低い小型の魚を食べることで、胎児をメチル水銀の害から守り、かつ脳に必要なDHA（ドコサヘキサエン酸）などを赤ちゃんに与えることが可能になる」（注12）と解説している。

一方、「脳は非常に脆弱だ。水銀は人類の知能指数（ＩＱ）に悪影響を及ぼす。健康への影響を決して過小評価すべきではない」とし、厳しいスタンスをとる前出のハーバード大学のフィリップ・グランジャン特任教授は、魚の賢い食べ方について次のように話す。

「メカジキやキハダマグロなど水銀濃度が高い魚を多く食べ続けるのと、サーモンのようにより水銀濃度が低い魚を食べ続けるのでは、脳のメモリーである記憶力への影響などで違った結果を生む場合がある。日本など魚を多食する国では、水銀濃度の低い魚を多く食べることで、魚の栄養素を最大限に摂取し、水銀の影響を最小限に抑えることが賢い食べ方だと思う」と、米国での筆者のインタビューに答えている（注13）。

グランジャン教授は日本への提言として「（日本人の）マグロの多食が神経や心血管にどんな異常をもたらすのか、そうした分野にこそ段階的に研究を高めていくべきだ」（注14）と話した。

■第五の視点・条約の意義と問題点■ＣＯＰで規制強化を

熊本で水俣条約採択＝二〇一三年

水俣病の公式確認から五七年たった二〇一三年一〇月。ＵＮＥＰの新しい環境条約「水銀に関する水俣条約」の外交会議と関連会合が水俣市と熊本市で開かれた。この条約の採択と署名を目的とした外交会議には、六〇カ国以上の閣僚級を含む約一四〇カ国・地域の政府関係者はじめ、国際機関、NGOら一〇〇〇人以上が参加。最終日の一〇日、水俣条約を全会一致で採択した（表4）。この席で九二カ国（EU含む）が条約に署名した。

　地球規模の水銀汚染や越境汚染防止のため、先進国と発展途上国が協力して水銀の供給、使用、排出、廃棄の各段階で対策に取り組むことを決めた意義は大きい。特に世界最大の水銀利用・排出国である中国や、化学物質・廃棄物に関する条約を批准したことのない米国が積極的に参加したことも注目に値する。

（表4）

「水銀に関する水俣条約」の主な規制
水銀の締約国への輸出は条約で認められた用途と、環境上適正な一時保管に限定し、輸入国の書面による事前同意を求める
水銀を使った電池、スイッチ・リレー、化粧品、殺虫剤、血圧計、体温計、一定含有量以上の蛍光灯など水銀添加製品は二〇二〇年までに製造を原則禁止
水銀廃棄物は締約国会議が定める条件に基づき環境上適正に管理
（水俣病の原因となった）アセトアルデヒド製造工程での水銀使用は二〇一八年、塩素アルカリ工業での使用も二〇二五年で原則禁止
新規の水銀鉱山開発は発効後に禁止。既存鉱山からの産出も一五年以内に禁止
金採掘現場での水銀使用・排出を削減。可能であれば廃絶のために行動
大気中への排出は石炭火力発電所、非鉄金属精錬施設などを対象に削減対策を実施

　半面、二年半にわたる五回の政府間交渉を通じた議論で、妥協を重ねた条文には、例外規定が多く付けられ、強制力は弱められた。その結果、国際NGOが求めた規制や罰則規定の強い内容ではなく、多くの国が参加できる実現可能性を重視した現実的なものとなったことは否定できない。

　「水銀に関する水俣条約」は三五の条文と五つの付属書で構成。条文全体を概観して気付くのは、各所に「努める」「協力する」「奨励される」などの自主的な対応を求める表現が目立ち、義務付けや罰則規定が見当たらないことだ。目標年度を設定した水銀の総排出削減の目標値も示されていない。

個別の条文を見ると、例えば水銀供給と貿易の削減を目指す三条では、新規の水銀鉱山開発は禁止されるが、既存の水銀鉱山は一五年間、採掘が許される。また水銀貿易は原則禁止されるものの、輸出相手国から事前に書面同意を得れば、その国への輸出は可能だ。最新のアセスで最大の汚染源とされた小規模金採掘への対応は、直ちに水銀使用を禁じれば、生活できない貧困層が存在するため、段階的削減の道をとった。

水俣条約のこうした特徴について熊本大学の富樫貞夫名誉教授（環境法）は「厳しい対応や数値目標を掲げて結局は失敗した京都議定書の轍を踏まない手法をとったのではないか」と分析する。

とはいえ、世界最悪のメチル水銀中毒である水俣病発生を教訓に、約一四〇の国が健康被害と環境汚染防止を目的に連携し、地球規模で水銀削減を進める法規制の枠組みを作った意義は小さくない。

水俣条約は、水銀という一つの化学物質をめぐり採掘―加工―貿易―廃棄―保存に至るまで、ほぼ全段階で一定の規制を設けた初めての環境条約である。個々の規制をゆるやかにしたことで、多くの国が参加を表明。結果的にこれまでほとんど知られていなかった水銀の有毒性、水俣病について、少なくとも世界各国の環境省庁の職員に知られることになった。

特に成長著しい新興国を含む発展途上国の環境担当者が、政府間交渉や科学的な資料にもとづく啓発、アセスメント、水俣訪問、坂本しのぶさんら水俣病被害者の声を聞いたことなどを通じ、水銀の有毒性について知識を深めた意味は、極めて大きい。

こうしたゆるやかな規制から始めなければならないほど、水銀とその化合物が人間の経済活動や生活環境の隅々にまで浸透してしまっているということになる。ここには有毒と分かっていても、一気に削減できない世界の現実がある。

ＩＰＥＮ（アイペン）をはじめとした国際ＮＧＯに「規制がゆるい」と批判された条約だが、米国が二〇一三年一一月に第一号で締結後、条約に則した国内法改正に時間を要し、日本は二三番目となる二〇一六年二月に締結。同年八月には最大排出国の中国が意外な早さで続いた。半面、環境先進国のスウェーデンやドイツは、国内対応と法整備に予想外の時間を要し、締結は二〇一七年の五月と九月にそれぞれずれ込んだ。規制が弱いと批判された条約でさえ、各国の対応は容易でないことを物語っていた。

一方、罰則規定に代わり、条約には条文の履行状況を監視するため、いくつかの対策が盛り込まれている点には注目したい。水銀の最大排出源である小規模金採掘への対応を記した七条は、小規模金採掘が多い締約国に対して、ナショナル・アクションプラン（国家行動計画）を作って削減し、三年ごとに評価を受けることを求めている。

一九条の「研究開発と定点監視」では、水銀暴露にぜい弱な人々や魚介類などの定点監視をすることなどを明記。「実施計画」の二〇条では、締約国に条約遂行のための実施計画を作り、事務局に送付することを求めた。二一条の「報告」では、締約国は条約実施のためにとった対策、実効性、取り組みを締約国会議に報告しなければならない。二二条の「有効性の評価」では、締約国会議に条約発効から六年以内に有効性の評価を求めている。

水俣条約、二〇一七年八月一六日発効

水俣条約は二〇一七年五月、発効に必要な五〇カ国に達し、九〇日後の八月一六日に発効した。同年九月にはスイスのジュネーブ国際会議場で第一回締約国会議（COP1）が開かれた。二〇二〇年五月現在で条約に署名した国が一二八、このうち締結した国が一一九。未締結国には水銀の排出量が多いスペイン、ロシア、フィリピンをはじめ、オーストラリア、イタリア、ポーランド、マレーシアも含まれる。

COP1では、水俣条約の事務局をジュネーブに設置することを決めた一方、最大の水銀汚染源である小規模の金採掘場と、それに続く石炭火力発電所から排出される水銀の削減指針を採択した。二〇一八年にジュネーブで開いたCOP2では、日本を含む多くの国で課題化している水銀や水銀製品の環境に配慮した水銀の中間貯蔵の指針も採択した。

このCOP2では、水俣条約の効果の評価方法を論議すると同時に、専門家や担当国が水銀の排出や汚染地区の管理、水銀廃棄物の野焼きによる汚染の現状などについても報告した。より強い条約にするために途上国への技術支援、世界保健機関（WHO）や国際労働機関（ILO）との連携なども論議した。

二〇一九年一一月にジュネーブで開かれたCOP3では、条約が直面する課題として①水銀で汚染された廃棄物の線引き②水銀汚染地域の処理③条約の有効性評価―などをテーマに議論した。その結果、水銀汚染地域の定期的な測定など適正な管理に向けた指針をまとめた。半面、水銀で汚染された廃棄物の線引きに必要な基準値については結論を持ち越し、専門家会議でさらに協議を続けることで合意した。

国連や加盟国がなすべきは条約の締結国を一カ国でも増やすことだ。各国統一基準による水銀排出データの整備、国連に偽りのないデータが報告がされるかなど課題は山積する。

これから何十年も続く水俣条約締約国会議（ＣＯＰ）の中で、水俣条約第一六条の健康に関する条項をはじめ、対応が弱いとされる条項を段階的に修正し、より実効性のある強い条約に育てていくことが不可欠だ。

■第六の視点・日本の課題■世界に先進事例示せるか

日本でも水俣条約関連二法が成立

「水銀に関する水俣条約」が熊本で採択されたことに伴い、二〇一五年六月、日本でも水俣条約の規制内容に対応し、国会で二つの法律が成立した。

一つは「水銀環境汚染防止法」で、水銀の採掘や水銀を使った金の採取を禁止。水銀を一定量以上含む製品の製造も原則禁止とした。水銀の適正保管ルールを定め、事業者に国への定期報告も義務付けた。

もう一つの「改正大気汚染防止法」では、条約が定める①石炭火力発電所②石炭産業用ボイラー③非鉄金属製造④廃棄物焼却⑤セメント製造—の五分野を対象に、一定の排出施設に届け出制度を創設。水銀排出基準を設け、守らなければ知事が勧告・命令できるとした。

この二つの改正法で気になるのは、国際ＮＧＯが指摘していた、日本でリサイクルされた水銀が外国に輸出される道をふさいでいないことだ。これまで日本は水銀リサイクル企業が回収した水銀を毎年一〇〇トン前後、インドやブラジルなどの途上国に輸出してきた。

しかし、この改正でも水俣条約が認める「輸入国の書面同意があれば輸出できる」に基づいて、輸出の道を外国為替および外国貿易法（外為法）で残した。これでは輸出は続いてしまうのではないか。

この疑問に対して環境省は「日本の水銀が使われることで、輸出先での新たな採掘防止につながる」としている。現地で健康被害を起こし、国際市場に流れる可能性があるのに、その役割をなぜ日本が果たすべきなのだろう。水俣病を経験した国の対応としては大きな課題を残したといえる。

その一方、踏み込んだ点もある。水俣条約では、対象外となっている鉄鋼製造など水銀排出量が多い施設にも、排出抑制措置と実施状況の公表を求めたことである。

水銀が地球環境問題化しているのは、途上国で水銀の使用が急増。水銀を含む大気汚染や魚介類の汚染が進み、多くの健康被害が報告されているからだ。使い続ければ水俣病のような水銀中毒が発生しかねない。

ただ、水俣病を経験し、水銀対応を学んだ日本がこの条約を守るのは難しくない。問われるのは、条約が求める以上の、先進的な取り組みができるかにある。

熊本地震でしぼむ熊本の対応―果たすべき国際社会との約束

この水俣条約をより実効性あるものにするため、特にリーダーシップを発揮するべきなのが、世界最悪のメチル水銀汚染中毒の水俣病を引き起こした日本と、条約名を冠した水俣市がある熊本県ではないか。

蒲島郁夫県知事は「水銀に関する水俣条約」の採択前夜（二〇一三年一〇月九日）、水俣市で開かれた開会式典で国連や各国代表を前に、「熊本県知事としてどんなに時間がかかっても、水銀を使わない社会の実現に取り組む。この約束を水銀フリー熊本宣言としたい」と英語で力強く演説した。

これに基づき熊本県は当時の幸山政史熊本市長の協力を得て、県と熊本市は二〇一四年度に熊本県内回収分の水銀が輸出されないよう全国で初めて「県内保管」を決めた。県は市町村排出の水銀含有廃棄物から回収された量に見合う水銀を、業者から買い取って県有施設で保管。熊本市も回収した水銀を市の環境センターで保管を始めた。知事の宣言通り、水銀削減で全国をリードする画期的な試みだった。

蒲島知事は、水銀を使わない社会に向けた県の有識者検討会「水銀含有廃棄物の安全かつ効率的な処理方法検討会」（会長・石橋康弘県立大教授、一〇委員）を設置した。水銀リサイクル企業の野村興産（東京）や県内の廃棄物リサイクル業者、県内自治体代表や専門家でつくる検討会が半年がかりで二〇一六年度から県が取り組むべき施策を盛り込んだ提言書まとめた（注15）。

知事に答申した提言書は、水銀削減策について①県民への周知と啓発の徹底②市町村と事業者を対象とした研修会開催②高濃度水銀含有製品の回収促進④回収された水銀の県内保管―などを提言した。

県内の水銀含有製品への対応としては、新年度から水銀体温計や同血圧計などを対象に早期回収キャンペーンを実施。県民や事業者に代替製品への転換を呼びかけるとした。特に熊本県内事業所から出る水銀を含む産業廃棄物を回収・運搬・処分する事業者に登録制度を創設することを大きな特徴としていた。

県が回収すべき水銀含有廃棄物の範囲を例示する一方、水銀を含む廃棄物は原則全て回収するとした。全国に先駆けた試みで、県環境局はこの提言をもとに要綱をまとめ、二〇一六年度からスタートをめざしていた。水銀廃棄物処理事業者の登録制度にまで踏み込んだ先進的な内容だった。

ところが、県の積極的な水銀削減対応は、二〇一六年四月の熊本地震発生を機に急速にしぼんでいった。

二〇二〇年五月現在も、水銀削減を進める政策や県民への水俣条約への協力を求める政策や声は、熊本県のみならず、条約が採択された熊本市からも聞かれなくなった。県環境生活部によると、国会で水銀関連二法が成立したことも影響しているという。

国際社会が連携した地球規模の水銀削減対策は、まさに動きだしたばかりだ。その先頭を走るのは水俣病を経験した熊本であるべきだ。熊本県知事として国連や約一四〇カ国の代表を前に約束したことは、その言葉通り、どんなに時間が掛かっても熊本市などと連携して実現してもらいたい。蒲島知事はもとより、それに続く知事もアジアにおける水銀削減の先進モデル県を目指してリーダーシップを発揮してほしい。

■二〇一八年最新アセス■無機水銀メチル化に注意喚起

二〇一九年三月、ＵＮＥＰは水俣条約が熊本で採択されて以降、初めてとなる「世界水銀アセスメント二〇一八」（注16）を公表した。この中で二〇一五年に世界全体で大気中に排出された水銀の量が二二二〇トンと推計。前回調査した二〇一〇年より二六〇トン増加したことを報告し、世界にあらためて水銀汚染対策強化を求めた。

大気中への主要な排出源は小規模金採掘（三八％）、石炭燃焼（二一％）、非鉄金属生産（一五％）、セメント生産（一一％）、水銀含有廃棄物処理（七％）の各施設。

排出量が多いワースト三は、①アジア（一〇八四トン）②南米（四〇九トン）③アフリカ（三六〇トン）―の順。アジアの排出量が四九％で半分を占めた。

アセスは、水銀は種類を問わず有害とし、「金属水銀は神経組織、無機水銀は腎臓、メチル水銀（有機水銀の一つ）は脳の発達、特に胎児に悪影響する」と明記した。

無機水銀がより有毒性の高いメチル水銀化することについても初めて独立した項目を立て、「水銀は大気、土壌、水に放出されるまでは無機だが、一度海などの水環境に入ると細菌がはるかに有毒なメチル水銀に変える。それを摂取した魚の食物連鎖で大きな魚ほど濃縮度が増す」と解説。「水俣条約への締結国を増やし、世界全体で無機水銀を減らす理由がここにある」と強調している（注17）。

この最新のアセスによると、熊本で条約が採択された二〇一三年以降も水銀排出は増え続けていることが分かる。条約は発効しても加盟国が条約に沿った削減措置をとり、ＵＮＥＰとＣＯＰで実効性を厳しく評価し、より効果のある条約に育てていかなければならない。そのためには世界各地の水銀汚染に監視の目を光らせる国際ＮＧＯとの連携も欠かせない。

注１　WHOのIPCS（国際化学物質安全性計画）は、この八物質に「大気汚染」と「非常に危険な殺虫剤」を加えたものを Ten Chemicals of major public health concern としている。

注２　The U.N. Minamata Convention on Mercury

注3　UNEP Global Mercury Assessment, 2002

注4　ICMGP=International Conference on Mercury as a Global Pollutant

注5　WHO Mercury in Health Care: Policy Paper, 2005

注6　The Madison Declaration on Mercury Pollution. 8th International Conference on Mercury as a Global Pollutant（ICMGP）, Madison, Wisconsin, 2006

注7　早水輝好「環境汚染対策の進展と今後の課題―三五年間を回顧して」、環境管理、二〇一九年一一四月号

注8　UNEP Global Mercury Assessment 2013 -Sources, emissions, releases and environmental transport.

注9　Pal Weihe, Phillipe Grandjean et al.: The Faroese birth cohorts and methylmercury exposure from marine diet. Phillipe Grandjean: Separation of adverse effects from prenatal and postnatal Methylmercury exposure. 11th ICMGP, Edinburgh, 2013.

注10　Edwin Wijngaarden : Recent Seychelles child development study findings: Pre-and postnatal exposure to MeHg and their association with developmental outcomes. 11th ICMGP, Edinburgh, 2013

注11　Akira Yasutake, Noriyuki Hachiya : Hair mercury : current methylmercury exposure in Japan. 9th ICMGP, Guiyang, 2009. 井芹道一「毛髪水銀値　マグロ多食が影響、国水研、国際会議で発表」、熊本日日新聞、二〇〇九年六月一〇日。

注12　坂本峰至「水銀は食物連鎖で体内に蓄積　妊婦や乳幼児は特に注意」、食べ物通信、二〇〇九年一二月号。Mineshi Sakamoto : Health impacts and HBM（human biomonitoring）in populations exposed to elemental mercury vapor and methylmercury. WHO workshop, 13th ICMGP, Providence, 2017.

注13　井芹道一「ハーバード大学フィリップ・グランジャン特任教授インタビュー：魚介類の水銀含有情報を消費者に」、

Minamataに学ぶ海外—水銀削減、成文堂、二〇〇八年.pp. 87-92

注14　井芹道一「ハーバード大グランジャン教授インタビュー・健康への影響過小評価すべきでない」、熊本日日新聞、二〇一三年一〇月一日。

注15　熊本県・水銀含有廃棄物の安全かつ効率的な処理方法に関する検討会提言書、二〇一六年三月八日。井芹道一「水銀含む廃棄物回収業者登録制に県検討会が提言」、熊本日日新聞、二〇一六年五月一日。

注16　UNEP Global Mercury Assessment, 2018

注17　Chapter8 : Understanding trends in mercury in aquatic biota, UNEP Global Mercury Assessment, 2018

［参考資料］

熊本で採択された「水銀に関する水俣条約」（三五条）の骨子（環境省資料から作成）

【前文】　環境と開発に関するリオ宣言（一九九二年）を再確認し、地球規模の行動が必要。特に途上国の女性や子供を水銀の害から守る。水俣病を教訓に水銀の適切な管理をし、再発を防ぐ。

【目的＝一条】　水銀と水銀化合物の人為的な排出から、人の健康と環境を保護する。

【語句の定義＝二条】　略。

【水銀供給と国際貿易の削減＝三条】　新規の水銀鉱山開発は条約発効後に禁止。既存鉱山からの産出は条約発効から一五年以内に禁止する。水銀の輸出（金属水銀に限定）は条約で認めた用途か、環境上適正な保管に限る。水銀輸出には輸入国（非締約国含む）の書面での事前同意が必要。輸入同意を事前に事務局に登録した国への輸出は可能。非締約国からの輸入には、水銀が新規の一次鉱山または、廃止された塩素アルカリ施設からでないとの証明が必要。

【水銀添加製品、猶予措置＝四、六条】 電池、スイッチ・リレー、一定含有量以上の蛍光灯、石けん、化粧品、殺虫剤、局所消毒剤、非電化の計測機器（血圧計、体温計、気圧計など）などの水銀添加製品は、二〇二〇年までに製造と輸出入を禁止（一部用途を除く）。交換部品、研究用途、ワクチンなどは対象外。年限は最大一〇年間まで延長可。歯科用アマルガムは段階的に使用を削減。締約国は禁止された水銀含有製品の組立製品への組み込みと、水銀添加新製品の製造・販売を抑制する。締約国会議（ＣＯＰ）は発効後五年以内に付属書Ａ（対象製品）の評価をする。

★対象製品リスト（付属書A、四条関連）

○水銀を使用する製品の製造・輸入・輸出を禁止

電池※、スイッチ及びリレー※、一定含有量以上の一般照明用蛍光ランプ※、一般照明用高圧水銀ランプ、液晶ディスプレイ用の冷陰極蛍光ランプや外部電極蛍光ランプ※、せっけんと化粧品※、農薬、殺虫剤と局所消毒剤、非電化の計測機器（気圧計、湿度計、圧力計、体温計、血圧計）※。（※一部を除く）

○水銀を使用する製品の使用を削減

歯科用アマルガム（他に一部例外用途あり）

【製造工程、猶予措置＝五、六条】（水俣病の原因となった）アセトアルデヒド製造工程での水銀使用を二〇一八年、塩素アルカリ工業での使用も二〇二五年までに禁止（最大一〇年間まで延長可）。塩化ビニールモノマー、ポリウレタン製造などでの使用を削減。新規の製造過程での水銀利用を抑制。締約国会議が発効後五年以内に付属書B（製造工程）の評価をする。

【小規模金採掘＝七条】 小規模金採掘が相当量と判断した締約国は事務局に通知し、ナショナルアクションプラン（国家行動計画）を策定・実施し、三年ごとに評価を受ける。行動計画には削減目標、廃絶に向けた行動、水銀に暴露する恐れのある人々の保護策などを記載する。

【大気への排出＝八条】 石炭火力発電所、石炭・産業用ボイラー、非鉄金属製造施設、廃棄物焼却施設、セメント製造施設を対象に排出削減対策をとる。新設施設には最良の技術や環境のための最良の慣行を義務付ける。既存施設には①排出管理目標②排出限度値③最良の技術と最良の慣行④水銀の排出管理に効果的な複数の汚染物質管理戦略⑤代替的措置―から一つ以上を選んで実施する。

【水・土壌への放出＝九条】 各国が放出源を特定。新規・既存施設とも①放出限度値②最良の技術と最良の慣行③水銀の排出管理に効果的な複数汚染物質管理戦略④代替的措置―から一つ以上を選んで実施。各国が自国内の排出・放出データを作成。締約国会議で最良の技術と最良の慣行などに関する指針を採択する。

【水銀の暫定保管＝一〇条】 締約国会議で作成される指針に従い、環境上適正に実施。

【水銀廃棄物＝一一条】 バーゼル条約に基づく指針を考慮し、締約国会議が定める条件に基づき環境上適正に管理する。

【汚染地区＝一二条】 水銀に汚染された場所は、締約国会議がまとめる指針に基づき管理。締約国は汚染地区の特定と評価のための戦略構築に努める。

【資金源＝一三条】 条約のもとで資金支援するための制度を設置。地球環境ファシリティ信託基金（ＧＥＦ）を主たる資金源に位置付ける。

【能力強化、技術支援・移転＝一四条】 条約実施支援のため、締約国は途上国、特に後発途上国への能力強化、技術支援、技術移転に協力する。

【実施・順守委員会＝一五条】 条約の補助機関として組織し、各国の実施の促進、順守を管理する。

【健康に関する側面＝一六条】 締約国には①水銀の影響を受ける恐れのある人々の特定・保護のための戦略・プログラムの作成・実施②職業上の暴露を防ぐプログラムの開発・実施③予防・診察・治療と健康リスクのチェック―が奨励される。締約国会議は健康関連でＷＨＯ（世界保健機関）、ＩＬＯ（国際労働機関）などと連携する。

【情報交換＝一七条】 水銀添加物の代替製品、工場製造工程からの削減、排出・放出の際の削減技術、健康面の疫学情報などを交換する。

【啓発と教育＝一八条】 水銀や化合物が健康・環境にもたらす影響を知らせ、代替物を啓発する。

【研究開発と定点監視＝一九条】 締約国は水銀や化合物の使用及び大気・水・土壌への排出データを整備する。水銀暴露にぜい弱な人々、魚介類と海洋ほ乳類の水銀含有量を監視する。

【実施計画＝二〇条】 締約国は最初のアセスメントに従い、条約遂行のための実施計画をできるだけ早く作り、事務局に送付する。

【報告＝二一条】 締約国は条約実施のために取った対策、実効性、取り組みを締約国会議に報告する。

【有効性の評価＝二二条】 締約国会議は条約発効から六年以内に有効性を評価する。

【締約国会議、事務局、紛争解決＝二三、二四、二五条】 第一回締約国会議は発効から一年以内に開く。

【条約の改正、付属書の改正＝二六、二七条】 締約国会議の半年前までに提案。全体合意を基本に四分の三の多数決で決定する。

【投票権、署名＝二八、二九条】 条約の署名は二〇一三年一〇月一〇、一一日に熊本で。以後はニューヨークの国連本部で二〇一四年一〇月九日まで受け付ける。

【批准・受諾、発効＝三〇、三一条】 条約は五〇カ国が批准し、九〇日後に発効する。

【留保、脱退＝三二、三三条】 略。

【寄託】 条約は国連事務総長が保管する。

【正文＝三五条】 条約はアラビア語、中国語、英語、フランス語、ロシア語、スペイン語の六カ国語で記述する。

▼第一四回ポーランド水銀国際会議報告

科学と水俣条約の連携が強まった水銀国際会議
初めて本会議に招かれた水俣病の語り部

国連の「水銀に関する水俣条約」の実現に向け、大きく貢献したのが世界の科学者らでつくる学会「地球環境汚染物質としての水銀国際会議」（ＩＣＭＧＰ）だ（表1）。この学会で発表される科学的な研究や立証の積み重ねが、国連環境計画（ＵＮＥＰ）で水銀規制条約をつくる礎になったといえる。

水銀国際会議は、水俣病を教訓に世界の科学者が一九九〇年、スウェーデンで創設した。二、三年ごとに国を変えて最新研究結果を発表している。アジアで初めての会議は二〇〇一年、第六回として水俣市で開かれている。

二〇一九年九月八～一三日までポーランドの古都クラクフで開かれた「第一四回地球環境汚染物質としての水銀国際会議」に参加した。二〇〇一年の水俣会議から数えて取材記者として七回目の参加となる。水俣条約が二〇一七年に発効して初めての開催で、今回のテーマは「科学で得た水銀の知見を環境、福祉、政策に生かす」（注1）。

地球環境汚染物質としての水銀国際会議

		開催都市
第一回	一九九〇年	イェブレ（スウェーデン）
第二回	九二年	モントレー（米国）
第三回	九四年	ウィスラー（カナダ）
第四回	九六年	ハンブルク（ドイツ）
第五回	九九年	リオデジャネイロ（ブラジル）
第六回	**二〇〇一年**	**水俣（日本）**
第七回	〇四年	リュブリャナ（スロベニア）
第八回	〇六年	マディソン（米国） 水銀汚染に関する政治宣言（警告）を発表 〈水俣病公式確認50年〉
第九回	〇九年	貴陽（中国）
第十回	十一年	ハリファクス（カナダ）
第十一回	十三年	エディンバラ（英国）7月 〈熊本市で国連水銀・水俣条約を採択　10月〉
第十二回	十五年	済州（韓国）
第十三回	十七年	プロビデンス（米国）
第十四回	十九年	クラクフ（ポーランド）

クラクフにあるAGH科学技術大学教授で今会議の会長・ジョセフ・パシナ氏のリーダーシップにより、水俣病資料館の語り部が初めてオープニングの本会議に招かれた。本会議では国連環境計画（UNEP）の水俣条約担当官が基調講演するなど前回二〇一七年に米国ロードアイランド州プロビデンスで開かれた会議以上に、科学と水俣条約の結び付きを反映した国際学会となった。

日本をはじめ六八カ国から約七〇〇人が参加。本会議ではパシナ会長が「水銀汚染を防ぎ、健康や環境を守ることが必要。水俣条約がより効果を発揮するには、課題解決のため科学が支えていくことが不可欠だ」と強くアピールしたのが印象的だった。

（写真３）緒方さんから贈られたこけしを手に講演するロサーナ・シルバレペト国連・水俣条約事務局長。クラクフ 2019（撮影・井芹）

水俣条約の課題

本会議ではUNEPのロサーナ・シルバレペト水俣条約事務局長が「半世紀以上前、日本で起きた水俣病は水銀の毒性を表すシンボルだ」と表現。この学会に参加する直前、水俣市を訪ねた際、水俣病被害者の緒方正実さんから贈られたこけしを手に、「この人形には目も口も手も描かれていない。完成させるのはあなたたちだと緒方さんに言われた。その言葉を贈りたい」とスピーチをした（写真３）。

さらに水俣条約をより効果的な条約に育ててい

くための課題として、①どこまでを水銀廃棄物とするかの線引き、②水銀で汚染された汚染地の具体的な処理策、③水俣条約の有効性評価の在り方―など、条約の項目ごとに科学の手助けが必要であることを強調した。

水銀国際会議の本会議に初めて招かれた語り部の杉本肇さん（五八）＝水俣市袋＝は「水俣は被害者と加害者が共存する街です。水俣病認定患者だった母・栄子は生前、病気よりも差別されることの方をいやがっていた。水俣で起きたこうした水銀中毒の悲劇を世界でくり返してほしくない」と語り、科学者たちから拍手を浴びた。

海水温度上昇が無機水銀のメチル化を促進

水銀国際会議では六日間にわたり、大気、水、土壌、健康被害などの観点から二八九人が口頭発表、四五〇人がポスターで発表した。印象的だったのは、本会議でゲストスピーカーによる最新研究結果の基調報告だった。

中でも注目したのは、気候変動と地球温暖化の影響により、①蒸発した水銀が大気中を移動する水銀の大気循環に従来にない変化を起こしている②海水温度の上昇で微生物の活動が活発化し、無機水銀のメチル化のサイクルが早まっている―などが報告されたことだ。いずれも水銀に関する水俣条約を念頭に置いた講演だった。

最初のゲストスピーカー、フランスのエクス・マルセイユ大学・海洋学地中海研究所のラースエリック・ボアビダ研究員は太平洋、大西洋、黒海、北極海など世界三〇以上の海洋をクルーズ船に乗って調査した（注2）。

その結果、あらゆる海盆（海底の大規模な凹所）において海の表面下、つまり酸素を含む水深が浅い所にいる魚のメチル水銀値が最大値になっていることを突き止めた。加えて「メチル水銀は六〇~八〇%が内海ではなく、外洋の海の表面下で生み出されていることも実際の観測によって分かった」と報告した。

温暖化で永久凍土が溶解、水銀を放出

二人目のバーゼル大学(スイス)環境科学部のジスカ・マーティン研究員は「地球温暖化による気候変動が水銀の循環に大きな影響を与えている」と報告した(注3)。

「温暖化により、北半球で永年凍結していた永久凍土が溶解することによって、凍土に含まれていた大量の水銀(無機)が大気中をはじめ、海や湖などの水環境に放出され、これが水環境でメチル化するサイクルに乗って増えていく可能性がある」「これからの水銀をめぐる研究はこうしたプロセスを理解して、水俣条約で人為的な水銀排出を削減することを政策に反映していくことが求められる」と強調した。

新興国でクリーンコールの導入を

三人目の国際エネルギー機関クリーンコールセンターの専門家・レスリー・スロスさんは、世界の電力と産業界がいかにして水銀排出を減らすかについて講演した(注4)。この中で「石炭燃焼施設から水銀放出を減らす方法は既に確立されている。技術的、理論的には比較的簡単であり、九〇%以上は削減できる」と述べた。

クリーンコールとは環境を考慮した石炭利用技術のことだ。石炭を燃やした際、発生する硫黄酸化物、水銀、窒素酸化物など有害物質を減少させる技術で、高品質石炭の選別、石炭液化・ガス化、脱硫装置、集じ

ん装置などを指している。

スロスさんは「先進国の産業界は水銀放出を削減する方向に転換しつつあるが、問題は経済発展著しい新興国にある。新興国は、持続可能性よりも価格の安い手軽なエネルギー源として石炭をとらえている。新興国をいかにクリーンコールの方向に導くかが水銀削減にとって重要な課題となる。そのためには、各国が協力して資金援助していくことが求められる」と強調した。

メチル水銀と遺伝子の関係

一方、微量水銀の研究で知られる南デンマーク大教授でハーバード大のフィリップ・グランジャン特任教授は分科会で、メチル水銀による悪影響と遺伝子の関係について口頭発表した。グランジャン教授は、二一七二人の子どもとその親について、低濃度水銀暴露や知能指数（ＩＱ）、遺伝的要因などを研究した。その結果、長期に魚を食べ続けた際、特定の遺伝子を持つ人にメチル水銀の悪影響が強く表れることが判明した（注５）と報告、高い関心を集めた。

グランジャン教授は「この研究結果は、メチル水銀に弱い特定の遺伝子を持つ脆弱なグループの人々は、現在のメチル水銀の暴露に関する安全基準を守ったとしても悪影響を免れることは難しい」と解説した。

一九七〇年代の水俣市民、地域問わず水銀の影響――国水研

水俣病関係の研究で注目されたのは、環境省・国立水俣病総合研究センターの蜂谷紀之シニアアドバイザー（六六）が、ポスター発表部門で発表した研究（注６）だ。一九七五年から七年間、水俣市が市民を対象にし

て実施したアンケート方式の大規模健康調査である。

要点をまとめると次のようになる。蜂谷氏は、水俣市が一九七五年~八一年までの七年間、市民を対象に行った問診調査票を現在の技術を使って分析した。その結果、水俣市内沿岸部から山間部まで地域を問わず、メチル水銀による健康への影響を受けていた可能性があることが判明した。

この大規模健康調査は当時、水俣湾などの水銀に汚染された魚を食べていたとみられる市民の魚の摂取量と健康状態を調べるため、沿岸、内陸、山間の各部に分けて実施。計三万三四四五人(人口の九〇%)が質問に答え、三八七人が水俣病に「認定申請の指導相当」とされた。

蜂谷氏は当時の調査票が、統計を使う疫学の視点から未解析だったため、現存する二万七六二一人(人口の七四%)分を最新技術で分析した。

調査票は年代ごとに分け、魚の摂取量を「あまり食べない」「週一回」「二日に一回」「毎日」に四区分。二七の質問のうち、頭痛、嗅覚、味覚、めまい、手足のしびれ、手の震え、口のもつれ、歩行など神経症状を尋ねた二三の全項目で、水俣市内の地域を問わず、魚を多食した人が多くの症状を訴えていた。

全体の四二%が「体のだるさ」を訴えたが、魚を週一回食べる人と一回未満の人では前者の方が二・四倍高かった。すべての年代で魚を多食する人が、強い症状を訴えるなど傾向が一貫していた。高血圧や糖尿病の人も同じ傾向だった。

解析から各症状は①加齢の影響を除いても魚食が多いほど増加②地域を問わずに確認③居住歴が一九五五年以前の方が高い—などが分かった。

蜂谷氏は「一般的に魚は健康食であり、成人病を予防する効果がある。魚を多く食べることで、地域全体の健康状態が悪化することは、通常では考えられない」と話した。その上で「二万七千もの膨大なデータからは、当時の水俣では汚染魚を食べたことで、漁村部以外の地域住民も弱いながら、メチル水銀の悪影響を受けていた傾向ははっきりした」と語った。

現在でも多くの水俣病の症状を確認

水俣病関係では、水銀国際会議に民間医師の立場から参加を続けている水俣市の協立クリニックの高岡茂院長が、症状が後年に現れる遅発性水俣病について口頭発表部門とポスター掲示部門で発表。長年、感覚障害を研究し続けた結果をデータで示し、「水俣と隣接地以外であっても、現在も数多くの被害者が存在する」と強調した。

口頭発表部門では「水俣周辺域のメチル水銀中毒による遅発性の健康影響」（注7）と題し、二〇〇九年に水俣周辺の水銀汚染地域に住む人々を検診した九七三人のデータを分析した結果を報告した。それによると「平均して最初に水俣病の症状（筋肉のけいれん、四肢のしびれ、視野狭窄など）が現れたのは一九七九年ごろ。つまりチッソがメチル水銀汚染水の排出を止めた一九六八年から一〇年以上たってからだったことが分かった」と報告。後年になって現れる水俣病があることを強調した。

高岡氏はポスター発表でも「水俣周辺域での現在のメチル水銀の健康への影響」（注8）と題して具体例を報告。実例として今回の水銀国際会議にオブザーバーとして同行した水俣病不知火患者会の岩崎明男副会長（六五）＝天草市河浦町＝の症状を紹介した。岩崎さんは一九五四年生まれ。河浦町で漁師の家の育ち、子どものころから魚を多く食べてきた。自らも漁師だが、若いころは水俣病とみられる症状は出なかったが、四〇歳頃から手足のしびれや足のけいれん、つまずきなどの症状が現れ、現在でも手足のしびれや痛みに悩み続けているという。高岡氏は二〇〇九年から二〇一九年六月まで岩崎さんの症状を調べてデータをとってきた。

科学、国連、水俣が近づいたポーランド・クラクフ会議

一九九〇年にスウェーデンで創設された「地球環境汚染物質としての水銀国際会議」は、世界でもっとも大きい水銀を研究する学術会議である。当初は二、三年ごとに国を変えて最新研究結果を発表していたが、近年は一年おきに開催されている。これは水銀をめぐる地球環境や水銀汚染が深刻化していることが背景にある。

これまで開かれた計一四回のうち、水銀規制に向けて政治を動かした意味で特に注目されたのが、第五回リオデジャネイロ（ブラジル）会議、第八回マディソン（米国）会議、第九回貴陽（中国）会議―といえるだろう。

このうちリオデジャネイロ会議（一九九九年）では、南デンマーク大のフィリップ・グランジャン教授（米ハーバード大特任教授）が、魚介類から微量のメチル水銀を長年とり続けることが健康に悪影響を及ぼす「長期微量汚染」の研究を発表。その後も、知能（ＩＱ）や発達障害への影響を立証し続け、水銀の国際規制導入などに大きな影響を与えた。

水俣病公式確認五〇年の節目に開かれたマディソン会議（二〇〇六年）は、二つの点で注目された。一つは、当時まだ日本で注目されていなかった中国からの越境大気汚染問題を集中報告。重金属を含む越境汚染に、いち早く警鐘を鳴らし、二〇〇九年の中国貴州省での貴陽会議開催につながったことだ。

それまで自国の公害や環境の現状を公表してこなかった中国が、水銀汚染の拡大を懸念して水銀国際会議

を貴陽市に誘致。中国科学院が北京や上海など、主要七都市の大気中の水銀濃度の概要を初めて明らかにした。七都市とも欧米の平均濃度を大きく上回り、石炭暖房で冬季に最高値になることも報告した。

こうした多くの科学の裏付けを根拠に、国連環境計画（ＵＮＥＰ）は条約規制の動きを推進した。

私は熊本日日新聞の取材記者として、二〇〇一年にアジアで初めて水俣市で開かれた第六回会議以来、第八回マディソン（二〇〇六年、米国）、第九回貴陽（二〇〇九年、中国）、第一一回エディンバラ（二〇一三年、英国）、第一二回チェジュ（二〇一五年、韓国）、第一三回プロビデンス（二〇一七年、米国）、そして第一四回のクラクフ（二〇一九年、ポーランド）と、計七つの学会を取材した。

この中で今回のポーランド・クラクフ会議ほど、科学、国連、水俣の距離が近づいた会議はなかったように感じる。

世界の若手の科学者や研究者からすると、水俣病は半世紀も前に日本で起きた過去の歴史的な出来事というとらえ方が少なくない。それが国連の新しい環境条約に、賛否はあるものの、「水俣」の名前が付いたことにより、最新の研究発表中心の学会から、古くて新しい水銀という地球環境問題に現実的に取り組むという機運が、この学会の中で生まれているように思う。

それは二〇一三年英国会議のテーマ「国際政治に影響を与える科学」、二〇一七年米国会議の「水銀研究と政策の融合」に続き、それを発展させた二〇一九年の「科学で得た水銀の知見を環境、福祉、政策に生かす」にも明確に表れている。

二年後の第一五回ＩＣＭＧＰは二〇二一年七月、大気汚染が問題化している南アフリカのケープタウン、二〇二三年はインド（コーチ）での開催が決まっている。

注1 Bridging knowledge on global mercury with environmental responsibility, human welfare and policy response.
注2 Lars-Eric Heimburger-Boavida : Marine mercury cycling in a changing environment. 14th ICMGP, Krakow, 2019.
注3 Martin Jiskra : Marine mercury cycling in a changing environment. 14th ICMGP, Krakow, 2019.
注4 Lesley Sloss : Mercury reduction from power and industry - how much is possible? 14th ICMGP, Krakow, 2019
注5 Philippe Grandjean et al : Genetic disposition to developmental methylmercury neurotoxicity. 14th ICMGP, Krakow, 2019.
注6 Noriyuki Hachiya : Epidemiological analysis on historical data of the health examination survey conducted in Minamata from 1975 to 1981. 14th ICMGP, Krakow, 2019. 蜂谷紀之「メチル水銀の健康リスクガバナンスに関する研究」、国立水俣病総合研究センター第三八号年報、二〇一七。
注7 Shigeru Takaoka et al : The tardive health effects caused by methylmercury poisoning around Minamata. 14th ICMGP, Krakow, 2019.
注8 Shigeru Takaoka : Current effects of methylmercury on health around Minamata. 14 th ICMGP, Krakow, 2019.

関連年表――「水銀に関する水俣条約」ができるまでの経緯

一九九九年　五月二三―二八日　「第五回地球環境汚染物質としての水銀国際会議」（ICMGP　以下・水銀国際会議）をブラジル・リオデジャネイロで開催。南デンマーク大、P・グランジャン博士のメチル水銀長期微量汚染の研究が注目集める

二〇〇一年　一〇月一五―一九日　第六回水銀国際会議がアジアで初めて水俣市で開かれる。水俣病をはじめ、日本では知られていなかった電気製品や計測器など生活環境の水銀も焦点に。

二〇〇二年　一二月　国連環境計画（UNEP）が第一回世界水銀アセスメントを公表。水銀は難分解性。国連が地球規模の水銀規制の必要性をアピール。だが、米国、日本、カナダ、豪州などが消極姿勢を続ける

二〇〇五年　八月一日　世界保健機関（WHO）が水銀に「安全の閾値はない」とする政策文書を公表

二〇〇六年　八月六―一一日　水俣病五〇年を記念した第八回マディソン水銀国際会議（米国）で水銀汚染に関する警告「マディソン宣言」を発表。中国からの越境大気汚染や小規模金採掘の問題も焦点に

二〇〇九年　二月二〇日　第二五回UNEP管理理事会で新生・米オバマ大統領の米国が一転、水銀規制の条約化に賛成。UNEP加盟国が条約制定へ歴史的な合意をする

六月八―一二日　中国・貴州省貴陽市で第九回水銀国際会議。中国が自国の水銀汚染の一部を公表

二〇一〇年　五月一日　鳩山由紀夫首相（民主党）が水俣市の水俣病犠牲者慰霊式で、国連で進む水銀規制条約の名称は「水俣条約」を目指すと表明

二〇一〇年　六月七―一一日　UNEPが水銀条約の文書を作るための第一回政府間交渉委員会をスウェーデン・ストックホルムで開催。日本政府が「条約名は『水俣』を希望」と表明

二〇一一年　一月二四―二八日　千葉市の幕張メッセで第二回政府間交渉。宮本勝彬・水俣市長が「水

保条約」の命名を支持

二〇一三年　一月一九日　第五回政府間交渉をスイス・ジュネーブで開催し、約一四〇カ国が全会一致で規制文書の内容に合意。名称は「水銀に関する水俣条約」に決定

一月　世界水銀アセスメント二〇一三を公表。主要発生源は金採掘と石炭燃焼

七月二八―八月二日　第一一回エディンバラ水銀国際会議（イギリス・スコットランド）。テーマは「国際政治に影響を与える科学」

一〇月九日　蒲島郁夫熊本県知事が水俣市で各国代表を前に「水銀フリー宣言」

一〇月一〇日　熊本市で開いたUNEP外交会議で「水銀に関する水俣条約」を採択

一一月六日　米国が水俣条約締結第一号となる

二〇一五年　六月一九日　国会で水俣条約に伴う「水銀環境汚染防止法」と「改正大気汚染防止法」が成立

二〇一六年　二月二日　日本が二三番目に水俣条約を締結

二〇一七年　七月一六―二一日　第一三回プロビデンス水銀国際会議（米国）。水俣病資料館の語り部・吉永理巳子さんがオブザーバーとして卓話

八月一六日　国連の水銀に関する水俣条約が発効

九月二四―二九日　水俣条約第一回締約国会議（COP1）をジュネーブで開催。胎児性水俣病患者・坂本しのぶさんが参加

二〇一八年　一一月一九―二三日　水俣条約第二回締約国会議（COP2）をジュネーブで開催

三月　世界水銀アセスメント二〇一八を公表。大気中への排出は二二二〇トン

九月八―一三日　ポーランド・クラクフで第一四回水銀国際会議。水俣病資料館の語り部・杉本肇さんが初めて本会議で講演

二〇一九年　一一月二五―二九日　水俣条約第三回締約国会議（COP3）をジュネーブで開催。胎児性水俣病患者・松永幸一郎さんが参加

〈水俣病〉からメチル水銀中毒へ思考転換を——あとがきにかえて

日本で〈水俣病〉と呼ばれている中毒の国際的に通用する科学的名称は、メチル水銀中毒(methyl mercury poisoning)である。〈水俣病〉事件は、チッソ(株)水俣工場が猛毒のメチル水銀を工場廃水として海に垂れ流したことによる環境汚染事件であり、地域住民に甚大な危害を加えた大規模殺傷害事件である。にもかかわらず、一九五六年にその発生が公式確認されて以来、加害企業は国の重要な産業であることを理由に保護され、加害者として扱われなかった。身体的・心理的・経済的に深刻な被害を受けた患者・家族と地域住民は、政治的な処理で切り捨てられ、病因を追求する医科学的研究もさまざまな妨害と困難を強いられてきた。遅くとも一九六二年、病因がメチル水銀と判明したのちも、〈水俣病〉と呼称され風土病のごとく扱われてきた。

そこで、この事件の「未解明の現実」(富樫二〇一七)について、今後の課題を私なりに整理し問題提起したい。

まず医科学的な究明の課題である。

第一に、メチル水銀生成のメカニズムと排水処理の実態。

第二に、汚染による生態系への影響。汚染された魚介類の種類と分布、流通した魚介類の量および範囲、個人別の汚染魚介類摂取量。

第三に、水俣湾と不知火海を中心とする漁業の経年的・地域的な変遷。

第四に、食物連鎖によるメチル水銀の生物学的蓄積と生体内挙動。世界的な研究成果を取り入れた人体影響の解明。

第五に、汚染魚介類をはじめ、日本における汚染状況の再検討。

以上の諸課題について、まずは現在までの調査研究を批判的に総括することが急務であり、地球上の生態系の安全を確保しなければならない。

さらに、このような悲惨な事件の再発を防止するために、事件史の社会科学的分析が必要不可欠である。初動調査はどう進められたか、加害者の対応はどうであったか、また国・県・市の行政による調査と対策は適切であったかなど。なぜ予防措置が放置され企業の環境汚染による被害が最大限に拡大したのか。そして被害拡大防止の失敗が、新潟で第二の事件をひき起こした。また、被害の拡大防止等さまざまな問題解決に、司法制度は最後の砦となり得たか。被害者の差別や権利侵害など生活面における実態はどうであったか。この大規模被害を徹底的に検証して、世界に対しメチル水銀による汚染防止を提言できなかったのはなぜか。その後の国際的な研究成果を、日本ではなぜ有効に生かされなかったのかなど、これらの課題を解明することで、メチル水銀汚染による被害予防の諸課題が明瞭になり、真の意味の教訓が得られるに違いない。

日本では、〈水俣病〉という「病名」で事件のすべてを語ろうとしてきた。しかし〈水俣病〉という科学的根拠のあいまいな病名を使うことにより、この巨大汚染事件の全容を明らかにする作業に大きな壁をつくってきた。

メチル水銀中毒の感覚障害は、入口紀男が指摘するように、一八六五年、英国の聖バーソロミュー病院における世界初のメチル水銀中毒の報告以来、諸外国での報告と研究、および日本では永木譲治（一九八〇年〜）、浴野成生ら(一九九五年〜)によって、中枢性感覚障害(大脳皮質が傷害されて起きる)であることが実証されてきた。しかし〈水俣病〉の認定審査では、末梢神経障害(中枢神経系以外の神経)とされている。この認識は、感覚障害の原因病巣を誤認しており医学的に間違っている。しかし認定審査における〈水俣病〉の定義は、感覚障害(末梢神経障害)+αの症状を示すものとされている(一九七七年判断条件)。

〈水俣病〉患者とは、認定制度で認められた感覚障害+αの症状がある人とされ、認定されて初めて救済対象とされた。そして認定患者数が、チッソ(株)によるメチル水銀汚染の被害者数とされ、患者発生数であるとされてきた(鹿児島県の一部を含む)。汚染地区住民で等しく汚染魚介類を食べ続け、識別覚異常や感覚鈍麻、後頭部痛、運動遅鈍、易疲労性、ふらつきなどさまざまな健康被害を訴える大多数の被害者は、未認定患者として放置され、まったく別枠で処理された。

もともと〈水俣病〉患者「認定制度」は、加害者チッソ(株)からの要請で一九五九年見舞金契約のなかで制度化されたものである。認定制度に関わる医学専門家は、認定は医学診断と強弁してきた。こうして事件は六〇年間、認定制度を軸に〈水俣病〉の医学的診断によりいびつな形で処理されてきた。

さらに、日本におけるメチル水銀の摂食基準は一九七三年に策定され、暫定的とされながら五〇年たった現在も変えられていない。魚介類中の総水銀値〇・四ppm、メチル水銀値〇・三ppm以下は安全であり、これ以下の摂取量では〈水俣病〉は発生しないと説明している。しかし、政府が公式に指定している水銀分析法は精度が低く、日本のデータはわざと低く見積もっているのではと、世界の研究者から指摘されている。世界各国のメチル水銀規制に関して標準的な研究と認められたグランジャンらの研究(一九九七年〜)は、微量のメチル水銀値の魚介類摂食群でも胎児の脳は傷害され、注意力・言語・記憶力など発達障害を引き起こすことを実証した。世界の保健行政はＬＤ（学習障害）との関連で問題を先鋭にとらえ、この研究に基づき日本の基準の約五分の一でマグロなどの摂食規制をしている。

因果関係を無視し症候レベルの〈水俣病〉という日本独自の概念で問題をとらえる発想は、医学的、法学的、さらに政治的にも、病因メチル水銀との因果関係を前提としないので、一私企業によるメチル水銀汚染事件という現実と本質を隠してきた。私たちは、この非科学的な思考の呪縛を解かなければならない。

最後に水俣病研究会の現状について述べる。

二〇一三年から代表富樫貞夫の提案で水俣病研究会が再開され、熊本大学学術資料調査研究推進室と協力し定期的に講座を開催し、研究者や一般にも参加を呼びかけ新たな角度から〈水俣病〉問題を論じた。その一環として講演記録をもとに富樫著『〈水俣病〉事件の61年――未解明の現実を見すえて』（二〇一七）を出版した。続いて、高峰武編『8のテーマで読む水俣病』（二〇一八）、有馬澄雄編『〈水俣病〉Ｙ氏裁決放置事件資料集――メチル水銀中毒事件における救済の再考にむけて』（二〇二〇）を出版した。

二〇一六年からは中断していた専門誌「水俣病研究」第五号を構想し、各会員それぞれのテーマで論文化作業を進めてきた。〈水俣病〉というネーミングの功罪を検討する中から、事件のとらえ方を再検討し発想を根本的に転換した。本シリーズの刊行は新たな発想で「日本におけるメチル水銀中毒事件研究」と位置づける。

編集中に研究会代表が体調を崩し、関西訴訟大阪高裁判決および近年の最高裁判所判断の法学的解析と影響に関する論文が完成せず、刊行のことばを書くにとどまったことが残念である。

この大規模環境汚染によるメチル水銀中毒の事件史解明という視点からは、私にはまだ事件史の流れの中心軸が明瞭になっていないと思える。地球上の水銀汚染の影響が世界的に問題とされる現在、日本の水俣で、新潟で、この驚くべき被害がもたらされながら、なぜ事件の徹底的な解明がなされないまま今日に至ったかが問題である。また医科学的な分野についても、メチル水銀の生体影響はどこまで解明されたのか、改めて問わなければならない。このことは突き詰めていくと、医学や行政のあり方を含めて近代以降の日本という国家のあり方を問うことになると思われる。

有馬澄雄

〈執筆者紹介〉

向井　良人（むかい よしと）

一九六七年、福岡県飯塚市生まれ。社会学専攻。八六年熊本大学文学部地域科学科入学後、社会調査実習で水俣に通い始める。東京での会社勤務を経て九七年熊本大学大学院文学研究科修士課程に進学。久留米大学大学院比較文化研究科博士課程単位取得退学の後、熊本保健科学大学保健科学部准教授。丸山定巳、田口宏昭らとの共著に『水俣の経験と記憶―問いかける水俣病』（熊本出版文化会館）など。

石貫謹也（いしぬき きんや）

一九六九年、熊本県山鹿市生まれ。熊本日日新聞社編集局社会部次長兼論説委員。関わった水俣病関連の連載企画は「水俣病は終わっていない」「水俣病六〇年」など。

隅川俊彦（すみかわ としひこ）

一九七五年、熊本県熊本市生まれ。熊本日日新聞社地方・都市圏部記者。二〇一四年～一七年、水俣支局長。関わった水俣病関連の連載は「水俣病六〇年」「水俣病特措法一〇年」「水俣病　呼称読み解く」など。

東島　大（ひがしじま だい）

一九六六年、福岡県北九州市生まれ。水俣病研究会会員。NHK記者を経てKKT熊本県民テレビ記者。主な番組に「日本人は何をめざしてきたのか　第二回水俣　戦後復興から公害へ」（二〇一三年）「水俣病魂の声を聞く　公式確認から六〇年」（二〇一六年・いずれもETV特集）など。著書に『なぜ水俣病は解決できないのか』（弦書房）。熊本学園大学水俣学研究センター客員研究員。石牟礼道子資料保存会研究員。

井芹道一（いせり みちかず）

一九五四年、熊本県氷川町生まれ。熊本日日新聞記者、東京支社編集部長、政経部長、論説委員、熊本大学教授（出向、法学部でマスコミ論）。定年後、熊本大学客員教授。教養、医学部、大学院HIGOプログラムでジャーナリズム論「世界の水銀汚染と水俣条約」を担当。二〇〇一年から水銀国際学会や国連・水俣条約の取材を続けている。熊本学園大水俣学研究センター客員研究員。著書『Minamata に学ぶ海外―水銀削減』（成文堂）、共著『8の視点で読む水俣病』（弦書房）など。

日本における メチル水銀中毒事件研究2020

二〇二〇年七月三十日発行

編著者 水俣病研究会

発行者 小野静男

発行所 株式会社 弦書房
（〒810・0041）
福岡市中央区大名二―二―四三
ELK大名ビル三〇一
電 話 〇九二・七二六・九八八五
FAX 〇九二・七二六・九八八六

印刷・製本 アロー印刷株式会社

ISBN978-4-86329-207-9 C0036

◆弦書房の本

〈水俣病〉事件の61年
未解明の現実を見すえて

富樫貞夫　水俣病が公式に確認されてから二〇一七年で61年がたつ。しかし、水俣病はその大半が未解明のままなのである。近代の進歩と引きかえに生じたこの事件から何を学ぶべきか。未解明の問題点をまとめた次代への講義録。
〈A５判・２４０頁〉**２２００円**

8のテーマで読む水俣病

高峰武　これから知りたい人のための入門書。水俣病の全体像をつかむための手がかりとして〈8のテーマ〉を設定、ポイントになる用語はわかりやすく解説。近代史を理解するうえで避けては通れない水俣病問題を理解するための一冊。
〈A５判・２３６頁〉**２０００円**

〈水俣病〉Y氏裁決放置事件資料集
メチル水銀中毒事件における救済の再考にむけて

有馬澄雄責任編集　ひとりの男性（Y氏、１９８０年死去）が、１９７４年の水俣病認定申請後、１９９９年に環境庁と熊本県から水俣病と認定されるまでの経過と真相を明らかにする。Y氏の審理に関する環境庁と熊本県のやり取りを示す内部資料１９０点余をすべて収録。〈A４変型判・２３２頁〉**３０００円**

もうひとつのこの世
石牟礼道子の宇宙

渡辺京二　〈石牟礼文学〉の特異な独創性が渡辺京二によって発見されて半世紀。互いに触発される日々の中から生まれた〈石牟礼道子論〉を集成。石牟礼文学の豊かさときわだつ特異性を著者独自の視点から明快に解きあかす。〈四六判・２３２頁〉**【３刷】２２００円**

預言の哀しみ
石牟礼道子の宇宙 II

渡辺京二　石牟礼道子が預かったコトバとは何か——石牟礼作品の中で「春の城」「椿の海の記」「十六夜橋」の世界を解読。また、新作能「沖宮」の謎を読み解き、石牟礼の臨終までの闘病記も収録した渾身の一冊。
〈四六判・１８８頁〉**１９００円**

＊表示価格は税別